谁的成长
不是险死还生

雾满拦江 ——

著

中国出版集团
现代出版社

图书在版编目（CIP）数据

谁的成长不是险死还生 / 雾满拦江著 . -- 北京：
现代出版社，2019.1

ISBN 978-7-5143-7376-9

Ⅰ . ①谁… Ⅱ . ①雾… Ⅲ . ①人生哲学—通俗读物
Ⅳ . ① B821-49

中国版本图书馆 CIP 数据核字 (2018) 第 249695 号

谁的成长不是险死还生

作　　者：雾满拦江
责任编辑：张　霆　杨　静
出版发行：现代出版社
通信地址：北京市安定门外安华里 504 号
邮政编码：100011
电　　话：010-64267325　64245264 (传真)
网　　址：www.1980xd.com
电子邮箱：xiandai@vip.sina.com
印　　刷：三河市宏盛印务有限公司

开　　本：710mm×1000mm　1/16
印　　张：19　　　　　　　　　　　字　　数：270 千
版　　次：2019 年 1 月第 1 版　　　印　　次：2019 年 1 月第 1 次印刷
书　　号：ISBN 978-7-5143-7376-9
定　　价：48.00 元

目　录

真正的高手，都是思维方法厉害

谁的成长不是险死还生

你的格局之内，不能少了对人性的洞察

做人处世，到底应不应该有城府

你为何被阻隔在财富城堡之外？

真正的高手，都是思维方法厉害

你的智力，不是爹妈给的

（01）

美国有两个鸟类学家，乔治和莫莉，他们是夫妻。

夫妻二人都是默默无闻、专注于研究的人。所有的文章著作，提到这类型的人，无一例外都是嘉许和赞赏。

但乔治和莫莉，却没这个幸运。

就因为他们俩研究得太入迷、太专注、太专业，结果……结果激怒了美国的中坚阶层，差点没被骂死。

（02）

20世纪70年代，美国很保守。

他们觉得，一切都是最好的安排。猪往前拱，鸡向后刨，男人戴帽，女生穿裙，万事万物都在既定不变的轨道上。

乔治和莫莉，来到一座荒凉的岛上，开始研究海鸥。

研究中他们发现，有两只海鸥，天天腻在一起。

一起飞翔，一起觅食，一起孵蛋，一起饲养小海鸥……可这对海鸥夫妻，却是同性。

——他们饲养的小海鸥，是拜托其他海鸥帮忙，下蛋孵化的。

好奇怪的自然现象！乔治和莫莉公布了他们的发现。

美国立时炸了——保守的美国，无法接受。各种媒体、机构一拥而上，纷纷嘲笑乔治夫妻——要多无聊才会琢磨这不着边际的事？乔治和莫莉，究竟是什么人？他们真的是科学家吗？科学家是搞研究的，怎么会搞这名堂？

乔治和莫莉被画进漫画，形象丑陋不堪。

众议院召开专门会议，讨论削减科学研究经费。

——乔治和莫莉，硬着头皮继续研究下去，并最终让他们的研究获得了全世界的承认。

（03）

科学研究，至少有一个目的众所公认：

——扩大人类的认知边界。

道理都明白，但如果科学家的研究，触碰到人类壁垒森严的认知边界，人们的第一反应，往往是本能的对抗。

（04）

有位数学老师，讲过一个善于思考的学生的故事。

当时老师在讲"鸡兔同笼"。

同学们，鸡兔同笼，是咱们中国古代著名的算术题：把鸡和兔子关在同一只笼子里，有 30 个头、88 只脚。求鸡和兔子各有多少只。

老师教你们个绝妙法子，很快就可以计算出来。你这样，你吹哨，你吹一声哨子，30 只动物各抬起一只脚，此时笼中只剩 58 只脚。你再吹一声哨，笼中只剩 28 只脚——此时，所有的鸡，全都一屁股坐在地下了，每只兔子则是两脚着地——于是你知道，28 除以 2，兔子共有 14 只，而鸡呢，答案是 30 减 14，是 16 只。

所以笼子里，共有 14 只兔子、16 只鸡，同学们明白了没有？

多数同学回答学会了，但勤于思考的同学却满脸悲愤，一声不吭。

老师只好叫勤于思考的同学：这位同学，你学会了没有？

没有！勤于思考的同学炸了：老师，我想问个明白，鸡是鸡，兔子是兔子，为什么要把鸡和兔子装进同一只笼子里，再费这么大劲来计算它？你这么折腾我们，到底想干什么？

你……我……呃……你说得好有道理，我竟无言以对。

老师被问住了。

（05）

数学老师说：把他问住的同学，不仅勤于思考，而且绝顶聪明。

——他把自己的聪明和思考，全都用在了守护认知边界上。

——用在了阻挠自己进步上。

——用在了拒绝让自己变得更优秀、更聪明上。

（06）

漫画家蔡志忠先生说：智商低，这事不能怪父母。

每个人的智商，都不是固化的。

是我们自己，从幼年时扩展认知边界，累积人生历程而逐渐形成的。

20 世纪 70 年代的美国，之所以拒不接受乔治和莫莉的研究，就是因为所谓的美国主流，恰恰是认知最僵化、最顽固的一群人。他们担心科学研究的发现冲垮自己固化的生活，所以才会本能地抵触。

数学课上，把老师质问得哑口无言的学生，实际上是在质问：你们为什么要弄出这种抽象的问题来难为我？之所以绞尽脑汁、挖空心思问住老师，只为守住自己固化的认知边界，不肯再学半点新东西。

（07）

认知一旦固化，智力就会停滞。

纵然是学富五车，也只会生搬硬套、照本宣科。

20 世纪 80 年代，纽约的一家老牌饭店，想要安装电梯，老板斥重金请来了一大群专家开会讨论。

专家一致认为，安装电梯是个大工程，所以饭店必须停业一年。

停业一年？老板感觉不对：我可是开饭店的，如果停业一年……

必须停业，这事没商量！专家斩钉截铁，一锤定音。

可是，老板说不出反对意见，但知道停业不是好事。只好暂时休会，让他再想一想。

出了会议室，助理悄悄地在老板耳边说：老板，电梯是必须安装的。

老板：废话！

助理：电梯要安，但饭店未必一定要歇业。

老板：哦？

助理：可以把电梯安装在大楼外边，再起个名字……嗯，就叫观光电梯好啦。

老板：好，你现在是饭店的副总经理，全面负责观光电梯安装事宜。

——认知固化的人，总会把事情弄到非此即彼、非活即死的地步。只有放开认知，拓宽边界，才知道在两难之间，始终有着第三条路。

（08）

人生无贵贱，社会有阶层。

每个人的社会位置，与他的认知是对应的。

拦江书院有位院士，事业颇有规模。但他有个潜在对手，在业内风生水起，算是领军人物。院士以他为假想敌，下决心要超越。但几年下来，双方距离非但没有缩小，反而明显拉大。

院士心里不忿，恰好有几个相熟客户，要去对手处考察。他就冒充客户的跟班，给人家拎包，混入对手公司一探究竟。

客户之中，有位老兄极肥胖，体形比两个人还壮硕。到了对手公司后，对手出来相迎。

院士看得分明，对手的眼神在胖客户身上稍有停留。

——当时院士想，盯看体态异常人士是失礼行为。如此说来，这对手也不过如此，然而他的事业何以兴旺发达？

等进了会议室，院士惊呆了。

会议室里，绕桌环绕，是一圈椅子。跟任何一家公司的会议室没区别——但有一张椅子极大，恰好可容壮硕客户落座。

院士明白了。

——对手之所以对壮硕客户多加注意，是要找把最适合他的椅子来。

似乎只是对手比较细心。

但院士知道，这叫认知！

——对手看到壮硕客户，就立即想到普通椅子落座不便，不动声色地安排妥当。其人大脑认知之宽、动转之快，难怪享有业界领军之誉。

（09）

人生最重要的事，莫过于拓宽认知边界。

认知范围越宽，包容性就越强，越能体恤别人，思考就越是迅捷。

认知固化之人，大脑犹如笔直的公路，只能一条道走到黑。一旦前路堵死，就走不过去了。

（10）

有一个小小的法门，可以测算你的认知边界。

——你最瞧不上眼、最不屑的人或事，往往踩在你认知边界上。

——最容易让你失态、陷入愤怒或者抓狂的人或事，也有可能就是你的边界。

正确的人，不会发火、不会失态的，你都正确了，还有必要发火吗？

别人的错误或挑衅，也不会让我们愤怒——别人之错，由他自己承担，我们有什么理由失态发火？

——只有当我们自己错了，才会失态发火。

之所以愤怒，是因为外界出现了否定性信号，证明了我们认知不足。而固化的认知又拒绝变通，由此而生出压力让我们思维紊乱，失控失态发作起来。

古人说，闲谈莫论人非，静坐常思己过。常思己过，就是要知道认知的不足，不断扩大认知边界，你的认知越宽、格局越大，心越通明，如此渐行渐长，就会一步步地接近智慧境界。

强者文静如水，弱者暴怒如虎。人之所以分成强弱，就是因为有人认知宽泛，知人性，通情理，总是保持平和心态。而所谓的弱者，只是认知的固化度较高，拒绝接纳新生事物，拒绝改变。这类人总是面对着一个不堪的现实，现实要求他放开认知，而他却死活不肯，如此对抗带来心理压力，才会动辄陷入抓狂，烦躁易怒。

强者是相对的，弱者是绝对的。人类与生俱来的软弱天性，让我们每个人都面临着扩展认知的终极使命。无论我们走出多远，始终走不出自己的心，始终走不出自我的旧认知。唯有终身学习、终身成长、终身不懈地追求高质量生命，才有可能让我们摆脱固执、脱离僵化，才有可能与生命深处最优秀的自己相逢。

你的聪明才智，是如何被摧毁的

（01）

老师在讲课：

同学们，今天讲曹冲称象的故事。

曹冲，是曹操的儿子，非常聪明。

有一天，曹操得到一头大象，好大好大的大象。于是曹操就好奇地问了声：这么大的一头象，有多重呢？

这个问题，难死了身边的才谋智士。

大家纷纷摇头：哎呀，要想知道梨子的滋味，就得亲口尝一尝。要想知道大象的重量，就得亲手称一称。可世上没有这么大的秤，所以这大象的重量，就是个难解之谜喽。

小曹冲站出来：猪是怎么死的？笨死的！要想知道大象的重量，一定用秤吗？我们可以找条船，先让大象上船，画好吃水线。再让大象下船，然后大家往船上搬石头。等船到吃水线，再称称石头的重量，就可以知道大象有多重啦！

曹操听了，连夸小曹冲聪明。

讲完故事，老师问大家：孩子们，你们说，小曹冲聪明不聪明？

同学们齐声回答：聪明！

——但聪明声中，夹杂着一个不和谐的音符。

小明：不聪明，曹冲比猪还要笨！

老师怒了：小明给我出去！

（02）

下一堂课，换了老师讲地理。

老师手指地球仪上：同学们，老师的手指，正指在上海。同学们你们看，上海在前，乌鲁木齐在后。地球转呀转，转呀转，小红同学你来说一说，是哪座城市先迎来太阳啊？

小红同学站起来回答：是上海！

好，老师开心不已。现在我们继续来问小红，这里是上海，那边是纽约。上海在前，纽约在后，是哪座城市先迎来阳光啊？

小红同学：还是上海。

好，小红回答得太好啦。老师叫起小明：小明你说小红同学聪明不聪明？

小明站起来：不聪明，小红比猪还要笨。

老师大怒：小明给我出去！

（03）

小明同学，接连被老师赶出教室。

校方发现这样下去不行，必须挽救小明同学。

叫家长。

小明的爸爸大明，赶到了学校。

听校方说了情形，大明连忙赔笑：老师不要气，都是我把那小兔崽子惯坏了，看我不打死他才怪。

老师急忙劝解：教育孩子，最忌暴力。千万不要打太狠。

打半死就可以啦。

（04）

等小明过来，大明一脚踹过去：你个熊孩子，怎么就不让人省心呢？

小明坐在地上号啕大哭：爸爸，我好委屈，人家明明没错吗！

还敢胡说！大明怒不可遏：曹冲称象，是非常有名的智慧故事。爸爸妈妈都是听着这个故事长大的，你竟敢说曹冲不聪明，比猪还要笨，你说你是不是存心捣乱？

小明：人家没有捣乱，曹冲就是笨嘛！

嘿，你还跟我杠上了。大明气炸了：你给我说，曹冲怎么个不聪明法？又怎么比猪还笨了？说不清楚，信不信我打死你？

小明：如果我说上来，可不可以打死你？

大明：嘿，你还敢跟我动手，看咱们今天谁打死谁？

小明：爸爸你先别动手，听人家说嘛。曹冲称象，为什么非要用石头呢？他完全可以先让大象上船，画好吃水线。然后再让士兵排队上船，等船到了吃水线，那么这些士兵的重量加起来，恰好是大象的重量。

用人来称，更省事。

——可是那曹冲，他笨到不用人非要用石头，然后再费一道工序，去称石头的重量，这岂不是多此一举？

你……咦，好像有点道理哦？大明困惑地挠头：可是我们打小听的就是曹冲用石头称象，现在你给改用活人了，虽然说……总之，还得那啥，对吧？

（05）

曹冲称象这事，暂时就这么算了。

大明接着问：那人家小红，说上海比乌鲁木齐先见到太阳，哪儿错了？你竟然故意捣乱，非说人家小红比猪还笨，这事你问过猪吗？

小明：猪……爸爸，你想啊，地球是圆的，圆是什么？无头无尾、无始无终啊！在一个圆上，站在上海这边看，乌鲁木齐在自己后面。可如果你站在乌鲁木齐，上海又在你后面。所以呢，你站在上海，可以说上海比乌鲁木齐先见到阳光。可你站在乌鲁木齐，也可以说乌鲁木齐比上海先见到阳光啊！

大明：你……说得有点道理哦！

小明：爸爸，人家根本就没错嘛，那我现在可不可以揍你？

大明：孩子呀，这根本就不是对错的问题！

小明：那是什么问题？

大明：总之……那啥……偶尔……或许……儿子呀，爸爸跟你这么说吧，总之呢，对错不重要，标准答案才重要。你说的跟书本上的不一样，考试就拿不到高分。拿不到高分，就进不了好大学，进不了好大学，你就……

小明：就怎么样？我乖，我听话，我按照你们成年人的标准答案，不停地修改我自己，等我进入社会时，你们还会给我一个标准答案吗？

（06）

故事里的小明，就是我们自己。

我们小时候，很聪明很聪明的。

知是非，识好歹，能一眼就辨认出知识体系中的缺陷与不足。

但长着长着，智商就不知怎么搞的，开始缩水。

——这个现象，称为"**认知窄化**"。

（07）

什么叫认知窄化呢？

学者拿小婴儿来做实验。

早年欧洲小婴儿出生时，能够很好地识别白种人、黄种人和黑种人的差异。

等到小婴儿 6 个月时，再让小婴儿来辨识，却只能辨识出白种人和黄种人，看到黑种人，就蒙圈了。

——等到 9 个月时，小婴儿识爹认妈知邻居，对每个白种人都能有效识别。但看所有的黑种人没区别，看所有的黄种人，都一个模样。

这是为什么呢？

——因为人类的认知，是在成长中不断改变的。

——初始的婴儿认知，称得上全维广角，但伴随着成长，会有意识地放弃冗余的面孔加工过程，形成对主要讯息的强化优势。

这种现象极为普遍。比如说有些朋友，读书时最怕外国书，因为书中的人名那么老长，很难弄清楚谁是谁。还有些朋友不喜欢美剧，不是美剧不好玩，而是剧中的人物面孔难以区分。

（08）

诺贝尔奖得主洛伦兹说：认知窄化这种事，其实不只是人类。

动物也有这毛病。

洛伦兹长期观察雁鹅，发现母雁鹅超喜欢色彩艳丽、翅膀肥厚的肌肉男型公雁鹅。

所以呢，为赢得异性青睐，公雁鹅进化得色彩鲜艳，翅膀肥嘟嘟——结果在大自然中，遇到天敌，翅膀肥厚的公雁鹅们根本逃不动，只能沦为天敌的盘中餐。

洛伦兹说：这些色彩鲜艳的肥雁鹅，好比人类社会的乖孩子。孩子乖，听话服从，管什么道理不道理，反正成年人说啥就是啥。**这些孩子，在成长过程中的确会尝到甜头——可当他们进入社会竞争，就如同肥厚的雁鹅，顿时陷入困境。**

（09）

成长中，我们学会把主要精力放在主要事件上。

一旦哪一天，主要的关注点不再重要，而那些次要的事项突然间变得重要起来，我们就会感觉到极度吃力。

许多孩子都注意到了，曹冲称象是个好故事，但称象不一定非要用石头，用人更方便更快捷，以及知道地球仪是圆的，所有的地理位置都是平等的，不存在谁在前谁在后的说法。

可知道又怎么样？

知道这些，并不会获得奖励，反而会影响分数、失去机会。

——就这样，我们的认知范围逐步萎缩，萎缩成千人一面，失去了自己的优势和特点。

（10）

不同成长阶段，面临不同的课题。

20岁之前，我们是同质竞争，比拼共性。

20岁之后，我们是异质竞争，比拼差异化。

小时候比乖，比谁的认知最窄，好让大人省心。

长大了，就要比谁的认知更宽广，比的是谁能够第一时间重返婴幼儿时代的全维认知。

　　莫忘初心，方得始终。

　　可是有些人长大了，却回不去了。

　　回不去的人，被固化在一个狭窄的认知范畴。不是思维打不开，而是他们拒绝接受变化，就如同米缸前的老鼠，认为自己走固定路线，就一定可以吃到米，可是突然间米缸的位置上，换了只老鼠夹子，这些人就立即崩溃了，执意地希望现实回到他习惯的轨道上来。

　　但现实变化无尽，所有的米缸都会搬走，**越是习惯的路径，越容易变得危险**。我们必须重新打开认知，继续新的成长。要记住，我们曾是数以亿计的竞争者之中最优秀的那一个，曾拥有全维的广泛视角，以无尽的自信面对这个世界。但当我们受限于环境因素，坐视认知窄化，终如肥胖的雁鹅，一步步失去自身优势。除非我们想明白这个问题，意识到吾性自足，内心自明，就会于豁然之际，洞穿智慧之门，重返我们快乐而明净的初心。

高手都懂的策略思维

（01）

网上有个极火的段子：

有位兄台，注册用户名："我爹"。

然后愉快剁手买买买。

快递小哥打电话：您是……我爹吗？

兄台：然也。

快递小哥气炸。送个快递就够辛苦的了，还要被这货算计。

于是快递小哥改进策略，再有他的快递，就这样打电话：你叫我爹吧？

兄台：你……是谁？

小哥：我问你叫我爹对不对？

兄台：你到底想干啥？

小哥：你要是叫我爹，我就把快递给你送过去。

这下兄台傻眼了，用户名是他自己起的，快递小哥又没说错什么。要想拿到快递，就只能叫爹。

谁让他闲极无聊，想算计人家来着？

（02）

网上有位兄弟，把狗狗当儿子来养。

来，爸爸给你排骨吃。

过来，爸爸给你洗澡。

乖，去给爸爸把拖鞋叼过来。

滚，爸爸心烦，别在这儿捣乱……

人狗情，最真诚。

可是养着养着，感觉有点不对了。

这条狗，智力好像不太靠谱。

它分明是认为，自己的名字，叫爸爸。

所以带狗出门时，狗狗跑远，如果不高喊：爸爸爸爸爸爸爸……狗狗就不肯理他。只有喊爸爸，狗狗才会愉快回应。

这下惨了。在外边喊一条狗为爸爸……让路人听到，会不会想太多？

——可狗狗的条件反射已经形成，还有什么办法？

（03）

有家父母，希望孩子成为一个有教养的人。

打小就非常尽心。

如果听到有人骂脏话，或是在路上看到脏东西，就立即告诉孩子：宝宝脏，吐唾沫！

吐唾沫的意思，当然是唾弃、不屑。

——果然立竿见影。

这孩子长大后，发现自己有个奇怪的毛病。

一旦在路上看到污物，或是走进洗手间，又或者看到马桶坐便之类的物事，他的口腔立即条件反射，大剂量地分泌唾液。

而且教养深入心底，纵有唾液也不能在大庭广众之下吐出来。

只能咽下去。

也就是说，只要这孩子走进洗手间，或是看到污物，就不由自主地咽口水。

这让认识他的人，大为困惑，不由得问他：喂，兄台，我就是进厕所蹲个坑，你咋馋成这样？

……我不是馋……是那啥……咕嘟……

明明馋得直咽口水，还说不馋，谁信你？

只是想让孩子有教养，怎么会是这个结果？

（04）

上面几个故事，有一个共同点：

——直线思维！

直线思维不带半点智力含量。我这样想，就直线飙出去，直奔自己想要的结果。却不知道世间规律恰是非直线的。结果直线本能，落得个完全相反的结果。

（05）

直线思维，总是难免事与愿违。

那我们该咋整呢？

凡事动动脑子——懂点策略思维！

（06）

有对老夫妻，与世无争。

家里的电话号码，只是联系几个亲朋老友。用了几十年，从未更换过。

忽然有段时间，电话从早到晚，响个不停。

拿起接听，都说是找一家公司，要求订制货品。

困扰了好几日，老夫妻才发现，原来有家公司公布了销售电话，号码与老夫妻家的非常近似，拨打电话的稍不留神，就会打错，打入老夫妻家中来。

老夫妻很郁闷，就找到那家公司，解释说自家的电话，用了几十年，只是用来和亲朋好友联系，不想遭受打扰，请公司更换一下号码。

公司听了极是诧异：有没有搞错？我们的电话，是合理合法的，客户拨错电话怪我咯？如果不想被打扰，按情按理，也应该是你们自己申请变换号码。

老夫妻解释：自己年纪大了，老号码耳熟能详，已经构成生命极深的记忆。如果换了号码，记不住不说，日常生活也会饱受困扰。

困扰也没办法。对方冷冰冰地逐客：我们合法经营，照章纳税，更换销售电话会造成很大的经济损失。如果你们看不顺眼，去法院告我们呀！

老夫妻无奈返家，坐在电话机旁，开始接听电话。

每当有打错的订货电话进来，老夫妻就以神秘的语气回答：嘘，公司老板带着小姨子卷款私奔啦。老板娘带男朋友追去了。你们也赶紧追吧，要不欠款就要不回来啦！

就这样过了段时间，打错的电话戛然终止。

——公司终于更换了号码。

（07）

老子说：反者道之动。

——你得知道规律法则的相反性，想要解决问题，或者达到某个目的，就必须站在相反的位置。也就是说，你的思维必须从直线变为折线、变为曲线，能够在遭遇博弈的否定之后仍然成立或继续有效。

策略思维有三个要点：

第一条，策略思维中的"策"字，就是洞悉人性脆弱，具攻击能力，决不一厢情愿地逆来顺受，更不会束手待毙。

第二条，策略思维中的"略"字，是简单大致的意思。攻击能力不可无，攻击意识不可有。有话好好说，有理慢慢讲。话说到点子上，理讲到动情处。

第三条，策略思维 12 个字：不怕事，不惹事，动以情，晓以理。

总之，策略思维可以归入慈悲的智慧。非慈悲心，不足以察知人性哀伤，不足以让对方不逾越善良与爱的范畴。策略思维，慈悲之善，不唯保护我们自己，也堪足保护我们身边的人、所爱的人不致迷失。

（08）

不显金刚之怒，不见菩萨慈悲。

圣者的心，能够自我照拂。

凡人之心，需要彼此关护。

我们纵是凡人，但也居于食物链顶端。其他动物之所以被我们压制，就是因为动物只有直线思维。但近些年异象频现，越来越多的动物，开始表现出明显的策略思维。比如我们前面所讲，一条狗居然逼迫主人管它叫爸爸。动物在进化，人类好危险。

直线思维不过是动物本能。人是本能生物，但不可只有本能。我们的大脑，是生物千万年进化的奇迹，要对得起大自然的馈赠。策略思维不过是洞察人性的知性智能，知道人性最大的特点，就是纠结与脆弱。这种认知足以让我们成为保护者，保护心中智慧的火苗，保护每个人心中的善念。察人知己，行圆立方，慈心扬善，悲情除恶。这是我们与生俱来的使命，逃避就会面临巨大心理负压。唯有坦然面对，才能不辜负生命的本义。

学会一眼看穿事物本质

（01）

佛经里有句话：

三界唯心，万法唯识。

这句话是什么意思呢?

——你所看到的一切，并非世界本身。

——而是经你的认知，重新结构过的。

（02）

有几个老同学，毕业后无问西东，各自谋生，多年未曾见面。

终于取得联系，相约在一家餐馆聚会叙旧。

到了时间，大家陆续赶到，看着一张张被岁月摧残的容颜，无不感慨万千。

感慨之后，进餐馆落座。

服务生，拿菜单来，这个不要，这个不要……剩下来的，统统给我们上来。今天我们要回到从前，一醉方休!

服务生：不好意思先生，你们点的菜，统统没有。

没有？这怎么可能？

完全有可能。服务生解释：厨师下班了，所以……你懂的。

厨师下班？开什么玩笑？你是开餐馆的！厨师下班，让客人怎么办？

服务生：爱怎么办就怎么办，我们还有 20 分钟关门。如果先生们一定要吃，建议换家餐馆。

不是，你们这里……怎么可以这样……聚会的同学们全都蒙圈了。

蒙圈也没办法，人家服务生已经开始清理打扫，大家只能悻悻而出。

（03）

出了餐馆，第一个同学说话了：

唉，我吧，这辈子运气背透了。打工谋生吧，老板带着小姨子的男友卷钱跑了，撇下我们倒霉的员工，没有工资拿。创个业吧，合伙人卷走了我的本钱，捎带脚还拐跑了我老婆。唉，论倒霉没人能和我比，就寻思蹭发达了的老同学们一顿饭，可是你们看看，居然连餐馆都不招待，你说我咋就这么背呢？

是啊是啊，同学们有口无心地回应着，心里不以为然：

餐馆不接待，又不是针对他一个人，干吗要把事情怪到自己头上？

（04）

第一个同学说完之后，第二个同学拍了拍他的肩膀：老同学，这不是你的错，是这家餐馆活腻歪了。

你们大家说说，就这么家破餐馆，没特色没招牌，我们来到这家，不就图个方便吗？可你瞧服务生那张脸，就像 200 年没洗过的臭袜子，这哪儿是服务行业该有的脸色？告诉你们说，这家餐馆再这么经营下去，用不了多久餐馆老板就得在街头讨饭吃。

有可能，有可能。同学们纷纷点头，心里说：拜托大哥，你以为你是谁？人家餐馆只要门脸在这儿，地球上 60 多亿的人来来往往，还差你们这几头蒜？

就算是给你脸色看，你也没办法。

（05）

第二个同学说完，第三个同学走过来，仔细地打量着餐馆的门脸，沉吟道：大家注意到没有？

这家餐馆，以前还到处拉生意，为了赚钱忙个不停，但现在他们突然变得高冷起来，何以如此？

这是中国人的价值观念发生了变化。

以前，大家处于贫穷阶段，穷怕了，一心只想挣钱。为挣钱豁出去身体，豁出去时间，挣多少钱也感觉不够，心里始终缺乏安全感。

但现在，人们处在富足阶段的时间久了，匮乏感就消失了。

考虑的不仅仅是赚钱，还要休闲、娱乐，享受生命的馈赠。

有道理，有道理！同学们纷纷点头，心里却在说：拜托兄弟，你都毕业这么多年了，怎么还是这么学究气？格局再大点不好吗？

（06）

第四个同学走过来，说：

说消费观念转变，这肯定是没错的。但是，你们考虑过老板的心思没有？

老板肯定是希望厨师继续加班工作的，餐馆是老板的资产，最好 24 小时连轴转，给老板不停地赚钱，这样才符合老板的心愿。

然而，老板不能够任性，厨师说下班就下班，这说明什么？

说明劳动力市场已经出现了拐点。

就业市场从资方转向了劳方。劳动力越来越值钱，资本家在市场面前不得不低下他那油腻而肥胖的头。

大家纷纷点头：此言有理，有理……心里却在说：一叶落而知天下秋。这位兄台的认知，比前面那几位稍微地高出那么一点点。

但仍是停留在纸面上的学术派。写篇论文可以，实用性不足。

还能再向前一步吗？

（07）

第五个同学过来说：

别以为你劳动者的身价高了就扬眉吐气了。

劳动力市场出现拐点，最发愁的其实不是资本家，而是劳动者。

你值钱了，变得昂贵了，资方就买不起了。

资本比人聪明。

你的价格太贵，自然会去寻找便宜的替代品。

这就意味着，如北上广这类大城市，竞争会日趋激烈。聪明的资本会转战二三线城市，或者直奔东南亚市场。

大家纷纷点头：没错没错……心里却说，分析到这一层，已经进入实用领域。但是，还能更具体些吗？

（08）

第六个同学走过来，说：

其实呢，转向二三线城市及东南亚的资本，只是劳动密集型的旧式思维。

既然资本比人聪明，那么它一定比人更快一步转型。

所以资本会关注新出现的休闲文化市场，如果你留心新闻，就会看到影视娱乐行业越来越火了。

对头对头！大家纷纷点头，心里却说：这个认知操作，可以说非常实际化了，可还能有点前瞻意识吗？

（09）

第七个同学走过来，说：

只关注旧有的产业，这不是资本思维。

资本思维，会发现劳动力拐点所带来的国家管控难题。

会出现许多法律未曾覆盖的新产品、新市场。当你听说一件比较新奇的事物时，一定是人家最火爆的行情已经过去，你可以选择进入，也可以选择等待，但无论如何，你都需要支付市场进入费用。

想要赚钱，想要自由，就一定要找到新兴市场，而且快人一步才会有机会。

同学们都不再说话，心里却在想：话是说得漂亮，可那个能够为我们带来财富的新兴市场究竟在哪里？

（10）

不同的人，看到的世界是不同的。

餐馆不营业，第一个同学看到委屈，第二个同学看到愤怒，第三个同学看到现象，第四个同学看到原因，第五个同学看到变化，第六个同学看到机会，第七个同学看到的是规律。

同样的际遇，不同的认知。

人与人之间的距离，就这样拉开了。

（11）

我们知道认知会拉开人与人之间的距离。

但又该如何应用这个道理呢？

举个例子，有个男孩向女孩求爱：嫁给我，好吗？

女孩：去死……不是，你是个好人，但咱俩不合适。人家想找个年龄大一些、成熟稳重、经济条件好一些的帅哥。

听了这个回答，如果你：

——怪爷娘把自己生得太丑，这是抱怨型。

——恨女孩嫌贫爱富，这是愤怒型。

——懂得应用认知法则的，这是智慧型。

（12）

三界唯心，万法唯识。

这里说的心，不是你的心。

心，是世界的本质，是真理本身。

识，就是我们的认知。

这个世界，有现象，有原因，有变化，有机会，有规律。

我们受到的教育、读到的书，可以知道此前的现象与原因，但书本无法告诉你还未发生的变化，更不能告诉你还未出现的机会——但如果你的认知穿透到规律层，那么你在任何一个时代都不会落伍。

怕只怕，任由自己的认知停留在原始的条件反射区，遇事只有情绪，而且错把情绪当认知。这时候的人就会异常固执，所有的道理和道路明明白白摆在他面前，可他执意抬杠到底，这又何必？

所以佛家说：回头是岸。

——就是让你的思维，从怨天怼地的情绪化中走出，走向对规律的认知。

聪明的人会认真听人说话。对方的话有价值，就用心学习；对方的话不入自己的耳，也要找找是不是自己的认知不足。

那就让我们做个聪明人吧，别再满腹幽怨、抱怨委屈。你生下来就衣食无缺，却未曾为此付出过什么，凭什么委屈？别再满腔悲愤，世界未曾亏欠你，哪儿来的那么大怒火？让自己的认知走出情绪，穿过表象，寻找原因，看到变化，明晰机会，发现规律。就这样一直向前，你的心会越来越惬意。如古人所说："沾衣欲湿杏花雨，吹面不寒杨柳风。"只有当你感受到快乐与欣喜，那才是真正的你。

缺少边界意识的人，就会为此付出代价

（01）

昨天有个怪奇新闻：

有位周大哥，骑着电瓶车去公交车站接老乡。

周大哥善良有爱，有求必应，所以老乡要坐他的电瓶车回家。

赶到约定的公交站，周大哥把电瓶车停在——注意这个细节，把电瓶车停在公交站旁边的非机动车道上，然后走到公交站上等老乡。

就在这时，半空中飞过来一个人，不偏不倚，正好撞击在周大哥的电瓶车上。

嗖，哐，砰，啪。

飞人的前胸，撞击在电瓶车上，反弹落地。

人类，怎么会在半空中飞行？

目瞪口呆的周大哥，看半晌才醒过神来，原来是马路之上，一辆摩托车和一辆三轮电瓶车相撞了。一人倒地蠕动，另一个人被撞击之力弹飞，凌空划过一道弧线，正好命中周大哥的电瓶车。

——事件发生后，被撞者当场身死。对方家属一张状纸，把善良有爱的周大哥告到法庭之上，索赔 16 万元。

法官接到诉状，法槌"哐"的一敲：判决周大哥赔偿死者家属2万元，此案结案。

（02）

飞来横祸，周大哥好委屈。

他在法庭上辩解说：如果当时不是电瓶车停在那里，而是我站在那里被他砸中，他死了这事怪我吗？

有人替周大哥鸣冤，说：如果我是路边一家卖刀具的店铺，他飞进来落在刀上……我细思极恐。

还有人说：如果对方撞击在马路上而死，马路是不是也要赔钱？

还有人力挺法官，这一派的观点认为：谁让你乱停乱放电瓶车？人家法官说啦，你在非机动车道上乱停电瓶车，具有一定的违法性。既然你违法了，那就要掏钱赔人家，就必须担责。

——你认可哪一方？

（03）

善良有爱的周大哥，到底该不该赔人家2万元呢？

——对这个问题，有一千个法官，就可能有一千个判决。

这是一起弹性事件，涉及的不只是法律，更多的涉及我们的认知。

（04）

当我们思考问题，尤其是思考司法问题时，会考虑两个因素：

第一个因素是因果。

比如说你暗恋隔壁王大嫂，因而讨厌王大哥。于是有一天，你当胸捅了王大哥一刀。王大哥的肚皮上，就会多出来个窟窿。

王大哥肚皮上的窟窿，来自你那温柔一刀。

没有你的温柔一刀，就没有王大哥肚皮上的窟窿。所以你的行为，与王大哥受到的伤害，构成直接因果关系。

——如果时间到此停止，世间的因果就简单了。

但，伤害行为一旦发生，就会产生辐射与腐蚀效应。一件事会引发另一件事，继而引发无数的事情。这个又叫蝴蝶效应，亚马孙丛林中一只蝴蝶，动一动翅膀，这个最初的因子不断叠加，最终会形成大西洋上巨大的龙卷风。

到了这一步，不同人的不同认知，就呈现出梯差状态。

（05）

凡夫畏果，菩萨畏因。

人类的每一个行为，都会产生无穷无尽的后续效应。

你讨厌隔壁王大哥，当胸给他温柔一刀。

王大哥肚皮上多个窟窿，但并不碍事，送医院抢救，很快又恢复了生龙活虎的状态。

可是隔壁王大嫂吓坏了，害怕你也捅她一刀，就跳楼啦——现在请听题，王大嫂跳楼这事，明显是你的行为刺激导致，你要不要为此承担法律责任？

接下来，王大嫂跳楼也没有死，反而砸伤了正从楼下经过的李大婶。

——李大婶被送往医院，这医药费该不该由你来掏？

李大婶住院后，家中的小狗无人照料，咬伤了路过的小明，你该不该也替小明掏医药费？

小明被狗咬伤，女友慌里慌张来医院照顾，途中丢失了钱包，这事是不是也应该怪你？

偷小明女友钱包的贼，心花怒放去酒楼庆祝，一时得意忘形，过马路时被车撞飞，你要不要也因此担上交通肇事罪？

小偷过马路被车撞飞，凌空破窗，砸进一家饭馆，把人家饭馆的油锅砸漏啦……你该不该赔偿餐馆的油锅？

餐馆油锅砸漏后，耽误了给客人上菜，客人一生气，气得心脏病发作……打住，打住，你会发现，如果不设立一个边界，你需要为自己行为的每个后果付账，蝴蝶效应的结果，就是全地球人都来向你索赔。

——因果是没有争议的。

——有争议的，是事情的边界。

（06）

面对问题，我们思考的第一个因素是因果。

第二个因素是边界。

就是事情应该到哪步收住，不可以无限制地推导下去。

——可究竟应该在哪儿收住，不同的司法体系规定不同，不同的国家法律也不一样。

因为此类事件弹性极大，根本没个谱。

而人的智力梯差，也在这里展示出来。

（07）

智力的落差，体现在事情的边界认知。

回到你捅隔壁王大哥肚皮案上来：

——如果你认为，此案就应该收在隔壁王大哥的肚皮上，这是正确的。

——如果你认为，此案应该收在王大嫂跳楼上，正因为你觊觎王大嫂的美貌，才捅了王大哥一刀，并吓得王大嫂跳了楼……这也不算错。

——但如果你认为，你应该为自己引发的所有事件负责，你要掏王大哥的医疗费，为王大嫂跳楼担责，负责被王大嫂跳楼砸伤的李大婶的治疗，要承担小明被狗咬伤的责任，承担小明女友钱包被偷的责任，承担小偷得意忘形过马路被车撞的责任……这时候你会发现，你会和几乎所有人发生争论，因为你对事情的认知，根本就不存在边界，会把所有人拖进来。

如何正确地确定事情的边界呢？

有两个法则。

（08）

确定事情边界的第一个法则，叫"普遍性的法则"，也叫"必然法则"。

——就是看事情与行为是不是必然的，是不是普遍性的。

比如说，你小时被爹妈骂了一句，此事在你心中留下不可磨灭的阴影，长大后你一事无成，没有出息。你因此责怨父母——但，因为幼年管教失当，导致成年后没有出息，不是必然的，也不是普遍性的，所以这个责怪毫无道理。

有些人正是拿这个标准，评判前面新闻中的周大哥，他把电瓶车停在了非机动车道上，虽然这妨碍了行人——但是，不是每辆违规停放的电瓶车，都会被空中飞人恰好命中。所以这些人无法理解法官的裁决，觉得法官是瞎判一气。

但是，确定事情的边界，还有第二法则：权利法则。

（09）

权利法则——就是看引发事情的行为，是不是合理的、符合权利概念的。

仍拿周大哥来说事，如果他的电瓶车不是违规停放，事故者飞过半空，就会砸在马路上。而马路就在那里躺着，这是马路自身的权利，是合理合法的，因此不能见责于马路。

同理，如果事故人飞过半空，落入一家刀具店，恰好撞击在店中的刀具上身死，店主也不构成谋杀罪。因为在店中摆放刀具是他的合法经营权利，人不应该为自己的合法权利承担罪责。

——而在非机动车道停放电瓶车，不是周大哥的权利。

——周大哥把他的手伸到了不该伸的公众空间。

——就算是没有空中飞人飞来，停放在非机动车道上的电瓶车，也会困扰路人，更会对残疾不便者造成麻烦。这些受到困扰的人，没有因此追究周大哥，只是嫌麻烦而已。但这并不意味着周大哥没错。所以，当周大哥乱停乱放的电瓶车带来更大麻烦时，当事人因此追究，周大哥就需要为自己的行为买单了。

这就是法官判罚周大哥的依据。

也是我们立足于世需要惕厉自醒的行为规范。

（10）

事情是有因果的。

因果是有边界的。

因果的边界，一是止于必然区域，止于普遍区域。二是止于权利区域。

——我们的认知，也是如此。

王阳明先生说，知行合一。

知什么？如何行？

知，是认知这个世界的本质，清晰地看到每桩事情的边界。

行，正如孔子所说，从心所欲不逾矩。意思是说，我想干啥就干啥，但无论我干啥，都是在因果或权利的边界之内，所以我活得快乐又开心。

相反，那些边界意识模糊的人，一生饱受困扰。世事他们看不惯，因为他们心中的边界认知，与客观认知有落差。与人交往磕磕碰碰，因为他们对别人和自己的要求，跟别人总是对不上。比如说，他们会把自己的电瓶车，违规停放在非机动车道上，给别人带来无尽的麻烦，却不自省。这样的行为多了，难免会有引发麻烦的一天，而到了法庭上他们又喊冤叫屈，搬出自己的边界概念，替自己辩解，但其实他们一点也不冤。问题不是出在他们的行为上，而是出在他们的认知上，出在他们不认可这世间普遍认可的边界上。

掌握一种办法，不如掌握一种思维

（01）

前段时间讲课，讲了自己研究的历史工程学，用建模的方法，这个体系能够把许多历史场景复原，甚至复原已经湮没几百年的古书，也能够用在现实商圈。华尔街融商智库联系我说这事，我很纳闷儿，我沉溺历史，跟这些人没关系，他们找我做啥子？

仔细看这个智库的成员名单，忽然看到一个熟悉的名字。

这个人，怎么说好呢？按巴菲特的分类法，它大概属于第三类型。

（02）

巴菲特曾观察过一些穷孩子，据他描述，这些穷孩子分为两种类型：

一类是胆小怕事型，心怀恐惧，惊心不定，树叶掉下来都怕砸到脑袋的那一种。

第二类则属于挑衅型，他们会留心地观察成年人，注意成年人为他们预留的边界在哪里，然后就开始冒犯，挑衅成年人的忍耐度，看你有种没种惩罚他。如果成年人施加惩罚，这就证实了他们心中的恨意，于是展开第二轮挑衅——

如果成年人不加以惩罚，他们会持续试探，动作越来越夸张大胆，直至挑衅整个社会的法律边界。

巴菲特没有为这两种类型的孩子下定义，但意思很明显。

这两种类型的孩子，前一种是庸众，浑浑噩噩、提心吊胆那一种，终其一生逃不过恐惧心理的折磨，活到老也是一事无成。

第二类型的孩子，他们都在监狱里，就算现在没去，迟早也逃不过。因为他们的心智模式就是不断地挑衅，少年时挑衅规则，长大了挑衅法律，这类人终其一生背负着世道险恶的心理成见，除非自我摆脱，否则无以救赎。

而商业时代的自由者——必须介于二者之间，既不可心怀莫名的恐惧，又不可挑衅冰冷的法律。这是可以归入适合于商业时代的第三类型。

出现在华尔街融商智库成员名单上的这个人，大概算是这种类型。

这个人，算是我的一个老大哥，只是好多年没有见面了。

（03）

现在一说全民创业，就是淘宝微商什么的。可好多年前，这类营生是很危险的。这个危险时期，就是老大哥年轻时候。

老大哥年轻时候就野心勃勃，老是琢磨要干点什么事。那是刚刚改革开放初，情形有点类似于现在放开二胎的概念。

总之，老大哥就处在这么个节骨眼上，雄心勃勃地折腾起来，他去南方小服装厂进服装，进山里收山货，吃的穿的，什么行业他都插一脚。正干得风生水起，当地雷霆万钧地准备来一轮治理整顿，老兄被列为投机倒把的头号人物，准备收网合围。

临收网的前夜，当地公安局的副局长去找他，说：你还傻兮兮地待在这儿干啥？明天就要抓你游街了，投机倒把，你可是首犯呀！

老兄大骇：政策不是说放开了吗？

副局长说：政策是放开了，可法律没有呀！劝你你不听，让你晚点干，晚几天不就没这事了？

他说：这话说的，晚几天还有机会吗？

副局长说：你现在就有机会了？游街被批斗的机会吧！

唉，那我……只能跑路了。

老大哥当天夜里就逃了，据我所知，他就这样夜半奔逃就不少于两次，小日子过得特别刺激。

再后来，等到法律费了牛劲追上政策的时候，国内情形已经是"十亿人民九亿商，还有一亿在观望"时，老大哥已经玩腻了。

他去了美利坚。

（04）

老大哥走后大约一年多点，有个人来找我，向我借几本古董方面的书。我的书从不借人的——这次被借走了几本，而且再也没有归还。

几年之后我才知道，那几本古董书，被人带到美国去了，送到了老大哥手里。

老大哥要这书干什么呢？他也看不懂。

他干了件气人的怪事，当时美国那边正是移民热，绿卡什么的闹得沸沸扬扬。这事当然少不了老大哥，他跟人打赌，要玩个绝的，一文钱不花就把移民拿下。

怎经过一翻折腾，美国移民局居然真的给他办了移民手续。

这个赌算是打赢了，接下来就是老大哥的苦日子。

民是移了，但饭在哪里？

美国人没为这厮准备饭碗，他必须自己找辙。

（05）

他在美国晃悠了好长时间——好长好长的时间，最后混入了摄影圈。

但他既不懂古董，也不懂摄影，却天天跟着摄影师们跑来跑去，人家凌晨3点起来，奔野外拍日出，他也急如星火地跟着乱跑，可他连拍个人头都重影，谁也不知道他在折腾些什么。

就这么跑了段时间，他出手了。

他回国去沿海找厂家，开始订货，用集装箱走海路发往美国。

（06）

老兄回国订的，全都是摄影用的三脚架。

事隔好久，人们才醒过神来。原来，他跟着摄影师们跑，就是研究这个行业，有没有能够让他插手的地方，跑到最后他发现，摄像器材比较高精尖，镜头什么的精密度极高，国内厂家根本拿不下来，唯独这个三脚支架——这个东西技术含量不太高，利润也不太大，是专业摄像商不愿意做的。即使有厂家做，也是价格特别高，这就被他窥到了商机。

可是，费那么大周折，历经那么多辛苦，不过是发现这么个小商机而已，这好像不算什么了不起的事。

但等到他开始卖货，人们才知道他这番辛苦的真正用意。

这厮是在搞预热式营销！

什么叫预热式营销呢？

这是他自己创造的怪异名词，定义是在正式营销开始之前，你必须成为市场最专业的大咖——至少也要跟行业内的大咖们，称兄道弟、无话不谈的那一种。

如果你做淘宝，铁定会知道个词，叫客户转化率，是指询问客服的人中，发生购买行为所占到的比例——鬼脚七指导说，客户转化率能够达到80%，就已经相当不错了。但这位老大哥，他的客户转化率绝对不低于90%——每当有人来询价时，他总是轻描淡写地说，我给你推荐托尼最喜欢的这一款，我和托尼去拍尼加拉瓜大瀑布时，他用的就是这一种……又或是，你适合用这一款，这是汤米在黄石公园拍那张超级火山时使用的，你可以看看拍摄效果如何……他在这里提到的什么托尼、汤米，当然都是美国摄像界大咖，对普通爱好者而言，无异于神一样的存在，就算是没有偶像崇拜情结，但都不由自主地认可卖家的权威性，认为他老大哥是业内高精尖人士。

就这样，老大哥的生意越做越大，在美国的淘宝——eBay上开了网店。每天不停地收美元，收到手软。

但经营了一段时间之后，eBay突然一个转向，要改为拍卖模式，老大哥的网店就有点玩不下去了。

玩不下去了，那就卖掉吧。

他的网店卖了300万美金。

——老实说，300万美金真不算多，再加上他以前的进账，也不过2000万美金出头。跟国内的诸多地产商们比起来，他最多是个小开——小老板而已。但与国内地产商的区别是，我的这位朋友他缺少了权力的影响，更凸显市场机制的作用。简单说就是，从他的身上，我们其实可以领悟到许多东西，而沾染了权力色彩的运作，就有些语焉不详，需要用到人性的工程学，建模来加以解决，这么个玩法就有点累了，所以我更倾向于推荐我这位老大哥的折腾法。

（07）

先从低端应用价值说起，有些朋友做淘宝、做微商，成功者固然大有人在，但不成功也是个常态。诸如淘宝做成死宝，微商做成传销，诸如此类的事件，不说也罢。

许多人做淘宝，先去找手边有什么东西可以卖的，这属于常态。而我这位老大哥的做法，他是先锁定一个小单元的客户，等找到客户的需求，再去订制产品——实际上这两种模式没区别，不过是个先后顺序而已。

老大哥的营销手法是，必须对客户进行残酷而黑暗的权威碾压，他之所以跟着摄影大咖到处乱跑，就是要拉大旗做虎皮外加狐假虎威，总之是先锁定高端客户，促成营销后，就可以拿来碾压无辜的低端客户了——你当然可以现学现卖，采用这一招提高自己的客户转化率，有些朋友可能会有效果，但有些朋友或许需要掌握更有价值的东西——这位老大哥的狂野营销思想！

（08）

掌握一种办法，不如掌握一种思维。

掌握一种思维，不如掌握一种人生。

我说的这个人，他有着那种我嘉许、欣赏、认可的人生观念。人生就这一辈子，截长补短不到 3 万天，既然我们被赋予灵智，那必然是上苍对我们寄予了期望，这一生务必要活得爽快，不可憋居于斗室里巷之间，世界那么大，地球这么圆，你一生来来去去如果只限于方圆几公尺之内，这岂不是辜负了上天造就你的这颗聪明多智头脑？想 6 万年前，人类的先祖从非洲大陆出发，足迹踏遍全球，火种撒向四方。现如今技术开明时代，你再怎么疲顿，也不至于连 6 万年前光脚板裹树皮的先祖也不如吧？

人生就是要嗨，男人就要狂野——这是一种人生观，有了这种人生观，才有进取的精神与力量。否则的话，大家还是洗洗睡吧，若然你血管里失去先祖时代的沸腾血液，再说下去徒磨嘴皮而已。

但我们这个时代，终究与 6 万年前的先祖有所不同。现代人类最应该关注的是文明的禁制——简单说，你需要认真地思考一下，读几本书，和有智慧的人聊聊天，认清楚你生活的这个人类世界，不可触碰的禁忌线在哪里——巴菲特已经告诉我们，这世上有两类失败者，一类就是对禁忌线认知过低，压缩了自我的生存空间，活得如老鼠一样提心吊胆。另一类是死活不认法律这条铁线，硬起头皮往上撞，撞到法律之后就抱怨整个社会陷害他。这两类失败者，一类活得太憋屈，一类活得太夸张。你要牢记孔子的孙子——子思的教导，不偏不倚谓之中，万古不易谓之庸，非唯认识到禁忌的边界在哪里，否则你无以获得自由。

摆脱恐惧心，扫灭狂妄心，这时候就要放开你的大脑，去除任何禁制，要意识到这世界上的每一个人，都存在着强烈的、始终未获满足的需求，要知道任何一种需求，都有相应的解决方案。你所要做的事情，不过是找到此二者，将其做一个精准的对接——你可能会注意到，互联网时代、淘宝时代和微商时代，这世界已经几次被颠覆，但沧海桑田，不改古旧的人心，隐藏在千变万化的世相之下的，是人类永无止境的欲求心。

最后一点，当我们说实现自我的时候，说的是人类社会上的一个应然现象。设若这地球上只你这么一个人，自我的现实也就没什么价值。而这就意味着，你的自我现实，需要获得他人的认可与帮助。而在此之前，你必须是先行的，成为替他人解决无止境欲求的供应商——只有满足了别人，才能实现你自己。你要做的是重演人类文明史进程，只有当人被发现，人类文明才算是走出黑暗青春期。我们个体的人也一样，发现人，发现人类内心深处的渴望与悲伤，只有在这个时代，我们自己的人生才算是有了开始。

思想的自由度，决定着你人生的最终成就

（01）

先来一轮智力碾压：

熊培云老师有本书，叫《自由在高处》。

书中，他给大家出了这么道题：

101－102＝1 只挪动其中的一个数字（1、0 或者 2）使等式成立。

这道题，熊老师说，他一看就知道答案，但有些人却是无论如何也做不出来，等到熊老师告诉他答案后，这才恍然大悟，脸上露出智力受挫的深深屈辱感。熊老师意识到问题的所在，所以给他的书起了这么个名字。

自由在高处！

大家慢慢来思考这道题，我们说说相关的背景及原理。

（02）

腾讯大家，发表了左志坚先生的一篇文章：

《创业是中国社会最后的阶层上升通道》。

文章中，左志坚先生把中国 30 年的历史，分成以下几个阶段：

1978 年——恢复高考，底层青年有了唯一的上升通道。

1992 年——市场经济地位的确立，开放了自由竞争的空间，在传统仕途之外，给予青年精英一条高耸入云的上升阶梯。

2001 年——又一个新的分水岭。两件大事决定了财富的流向，以及今天各路精英的命运。其一是中国入世，经济腾飞；其二是互联网开始普及。

2008 年之后——有了很大的变化，无数的屌丝青年突然发现，逆袭越来越难。中国经济发展模式走到了一个拐点，整个经济领域都缺乏新引擎。一方面是国企的收益相对稳固，成为海归择业的首选之地；另一方面民营经济的活力开始下降，外企和小型民企日子越过越紧，风光不再。职场上留给刚毕业学生的机会也越来越少，原因也很简单，起点已经明显不再公平。

……

老实说，左志坚先生的话，已经说得够明白的了。左先生的意思就是……总之，情况就是这么个情况，成熟市场统统被人家占领了。大家必须自己找辙，必须直面惨淡的人生，或者自甘沉沦，或者，迎着新经济的风暴杀出一条血路，总之创业势在必行，躲是躲不过去的。

——当我阅读这篇文章，为左先生的苦心感动时，忽然看到下面一条评论，全文如下：

这个又是一屁话，左志坚纯粹是坐井观天的青蛙，因为他根本就是一只青蛙，他对中国的国情一点也不了解，对于普通人，尤其是穷人家何来公平可言，因为他们根本没有所谓创新的条件和资本！

——正是这番评论，让我一下子从左志坚先生，想到了熊培云老师，想到了自由在高处，想到了……思想的自由度，决定着你人生的最终成就。

（03）

坦白说，在生活享受上，穷孩子是比不了富孩子的。富孩子生来就锦衣玉食，每天泡吧、飙车，穷孩子却只能土里刨食，艰难谋生。真的是冰火两重天。

但在创业上，穷孩子和富孩子，却是站在同一个起跑线上。

为什么这么说呢？

因为创业这扯淡事，用的不是你的钱，而是别人的。

创业，摆摊卖货也是创业，设计个足具前景的项目，让资本跑来搭帮也是创业——20年前说创业，说的是前一种。而现在则是在说后一种。

——当然你会说，就算是后一种创业，穷孩子也仍然处于劣势，因为他们眼界上、见识上、心胸上、情怀上、气度上，都没法跟富孩子相比……这话听起来有道理，但实际情况却完全相反。

许多年前，股神巴菲特，曾观察过穷孩子，他发现有相当数量的穷孩子，真的被贫穷压垮了，丧失了眼界、见识、心胸、情怀、气度与格局，什么都没有了，只有于绝望中蜷缩，等待着最终的悲哀命运。

然后巴菲特又去观察富孩子，他不无惊恐地发现，相当数量的富孩子也被压垮了，垮到了不能再垮的程度。

富孩子被什么压垮了呢？

——被富裕的生活给压垮了。这些孩子满脑子只想着泡吧、飙车，一说承担人生责任就立即瘫软如泥。

巴菲特没说什么结论，但结论明摆着——被压垮的孩子们，无论穷富，其实都是同一个类型，他们完全是环境的产物，全无半点自强意识。给他个艰苦环境磨砺，他立即被贫穷压垮。给他个富裕环境，他立即被富裕压垮，无论给他什么，他都回报你一个垮字，他本身就是垮的，跟环境半点关系也没有。他只是为了逃避自强自立的人生责任，把原因归罪于环境而已。

巴菲特先生的研究，有没有道理呢？

（04）

——想想那些两手空空去美国欧洲闯天下的中国人吧！他们去之前，兜里一个钢镚儿也没有，却在美国干得风生水起。相反，许多出生于美国的白种人，却沦为穷人，天天举牌求包养。而这些穷人，此前不知比漂洋过海跑去捞世界的中国人富裕多少倍！

孔子曾经说过：君子之泽，三世而斩。啥意思呢？意思是说，有奋斗精神的富二代，少之又少，比长了羽毛的鲤鱼数量还要少。穷一代好歹有个奋斗的理由，因为穷嘛。可富二代富三代有什么理由奋斗？唉，还是先飙个车再说吧，奋斗这事甭跟洒家提……

被富裕压垮的孩子，远比被贫穷压垮的孩子更多。如果富裕的环境有助于一个人创业发奋，美国也不需要新移民了，他们自己拥有美元霸权，钱根本不缺，可就是因为许多本土美国居民，生生被富裕的美元给压垮了，才不得不从世界各国进口虽然贫穷却有奋斗精神的新鲜血液过去。

而且，即使是一个富孩子，拥有强烈的奋斗意识，可当他创业时，一样面临着资源短缺的麻烦。简单说就是，创业就意味着不可拿自己的血汗钱交学费，必须寻求融资。

结果你会发现，创业比拼的是头脑，是思维的自由度，谁脑子的自由空间越大，谁就越占优势。

当然，拥有更大思维自由度的富孩子，肯定比拥有相同思维自由度的穷孩子更占优势——但这样的富孩子数量极为稀缺，必须由更多的穷孩子来补位。

所以，摆在所有孩子面前的，只剩下最后一个问题：

什么叫思维的自由度？如何扩大你的思维自由度！

(05)

现在我们回到本文的开头，给出熊培云老师的那道题的答案，你可能已经做出来了。

原题是：101－102=1——挪动一个数字，使等式成立。

这道题，只要把102的数字2，向上稍微挪那么一点点，102就变成了10的平方。10的平方等于100，那么，101减去100，自然就等于1了。

有些人做不出来这道题，是因为他只知道把数字在水平方向，左右移来挪去，想不到要把数字2向上推。这种人的思维，只知道前后左右，却不知道还有个上下，因此熊老师把他的书命名为《自由在高处》，意思是说，只要你勇敢些、大胆些，不要把自己的思维局于一围，让你的大脑多维广角运行，你就能够获得自由——智力的自由、思想的自由以及经济、心灵的自由。

(06)

自由除了在高处，有时候也在远处。

林肯，老早以前的美国总统，做过废除黑奴什么的。他出身于律师，大脑里的弯弯道道比正常人类多一点。

当年，林肯在弗吉尼亚州做律师。有一天，他接手了一个案子，当事人是一个可怜的女人，她嫁了一个暴力狂丈夫，每天变着法地折磨她。这女人实在忍受不了了，就一发狠一咬牙，扭住丈夫一用力，"嘎嘣"一声，那没出息的暴力男，就被活活弄死了。

虽说丈夫是个坏人，可杀害亲夫，在弗吉尼亚州的法庭上还是要判重罪的。

那天休庭时，女当事人问林肯：律师呀，我口渴了，哪里有水喝？

林肯把她拉到角落里说：你要喝水吗？田纳西州有水喝。

为什么林肯要说田纳西州呢？

因为，各州的法律不同，如女当事人杀夫案在弗吉尼亚州是重罪，但在田纳西州却是罪不至死。女当事人非常聪明，听了林肯的话，立即越窗逃走，逃到了田纳西州。在那里，她的案子果然没有重判。

——林肯给女当事人的建议，就叫思维的自由度。这世上的所有事都是人带来的，因人产生的。理论上来说，所有这类型的难题都有个完美的解决方案，这个解决方案，有可能在高处，也有可能在你视线触及不到的远方。只要你开足脑洞，让思维如莲花般四面奔放，不愁没有出路——创业这种事更是如此。

（07）

创业也罢，不创也罢，总之经济自由之果在高处，你得努力蹦一蹦才能吃得到。

要想获得足够的思维自由度，首先需要战胜内心深处的恐惧。

恐惧这东西，是人类心灵深处永恒的存在，恐惧的来由大概是婴幼儿时期的不安记忆，以及在成人的专制强权之下养成的畏缩心理。许多成年人喜欢恐吓孩子，这些孩子长大后，心灵上都蒙受巨大创伤。

你必须认识自己心里的恐惧，因为恐惧压制人的智商。恐惧所在之地，智力就是一片黑暗。要战胜恐惧就必须详察自我的生存空间，真切地认识到安全界限之所在。你的认识进一步，恐惧就后退一步，你的自由度就扩大一步。只有思维自由度足够大，你才能够在未来的险恶环境中赢得你的人生。

其次，你要战胜心里的愤怒。

那位在左志坚先生的文章下面留言的孩子，恐惧心倒是没见到，可是愤怒满满。但愤怒这东西，跟恐惧是一样的——多数时候，愤怒不过是恐惧的另类表达，只是因为恐惧自我的人生责任，才以愤怒的形式将责任归咎于环境。当然那孩子也未必是推诿，他的话确有道理。但再有道理，你也得先行解决自我的人生责任呀。越是环境不利，就越是只能依靠你自己。其实左志坚先生的话，已经说得再明白不过了，成熟的市场全被人家占了，你不自行开疆拓土，就只能沦为悲哀的时代牺牲品。这时候愤怒是解决不了问题的，作为时代的弃民，我们必须自行拯救，除非让自己先行获得经济自由，否则无以获得其他方面的自由。

再次，你要战胜内心深处的自卑。

中国孩子，打小受到的是小绵羊式教育，家长和学校，最高的原则就是听话，听话，别给成年人添乱，成年人很忙，最好的孩子就是一个人缩在角落，屁也不放一个。这种无视孩子的人格存在，养成了孩子天然的自卑感，认为自己不过是个无足轻重的存在。所以长大后，许多人仍然是个孩子心理，从来没有过独立思考，什么事都跟在别人后面——但现在，成熟市场都被占领了，人家不带你玩了，所以你必须长大。你要知道，什么马云王健林，什么王石潘石屹，他们都是和你一样的存在，并没有服下什么仙丹妙药，只是他们扫灭了内心的虚弱与自卑，释放出了原始的洪荒之力。克制自卑，仍然不过是认识自我，一旦你想到你的存在独一无二，要完成你自己的使命，非你莫属，你就会慢慢从这种渺小的心理状态之下走出来。

最后，获取足够的思维高度，就需要善待自己的生命，要活出一个人的尊严，活出人生的价值。

一个有自我尊严感的人，是不会在这样一个时代，虚掷自己的人生的。坦白地说互联网所带来的商机远未得到释放，未来几年业界还将大行洗牌，这期间会有新的网络英雄杀出来，他们比你想象的要更年轻。在这个时候，任何一个人的能力都不足以穿透时光看到未来，未来是不确定的，每个人的研判都有三分道理，三分胡扯，外带四分瞎猜。你要学会汲取每一个人的智慧，结合起来以提升判断的准确率。说过了，网络时代，穷孩子富孩子获取资讯的渠道是没有区别的，你需要的只是不可遏止的野心与不虚此生的强烈愿望。

所谓思维的高度，首先来源于人生目标的远大，来源于内心的狂野。只有你的人格坚挺起来，才能够居高临下，俯瞰这个纷繁多变的世界。未来已经开始，风暴正在来袭，留给你犹豫的时间不多了，强大起来吧！毕竟，在这个特定时代，我们别无选择。

如何获得强大的学习能力

（01）

袁世凯，亲手缔造北洋新军的赫赫之人。但他年轻时很惨，文不成武不就，没人拿他当回事。

没人懂他，袁世凯好不郁闷。

他看准了，清帝国需要一支强大的新式陆军。但这是大清帝国从未有人玩过的花活。

于是袁世凯就琢磨，既然……既然这活谁也干不了，要不咱来试试？

可是要想获得练新军的许可，你至少，得先证明自己是个专业人士。兵书什么的，这玩意儿你总得写上一本两本。

可是年轻的袁世凯，还写不了兵书。

那咋办呢？

要不，咱们找人代笔？

于是袁世凯找人代笔写了部兵书，呈递到朝廷上。又走关系拉门路，最终被授职练新军。

——记载表明，袁世凯置练新军是非常成功的。他实际上是边干边学，就连学习的方式也极端另类出位。

比如说，日本有个尾川少佐，以顾问官的身份来到袁世凯身边，琢磨弄点情报啥的。不承想被袁世凯逮到尾川，当即关入小黑屋，强迫尾川没日没夜地替他翻译西洋兵书。尾川翻译啊翻译，终于有一天崩溃了，心里说咱是干啥的呀？咱是个间谍呀，你见过间谍被人当成拉磨的驴，没日没夜翻译兵书的吗？

感觉自己丢尽了间谍的脸，尾川少佐悲愤地自杀了。

而袁世凯的新军，就是踩着尾川这类蠢萌间谍的尸骨，真的建立起来了。

袁世凯是不学有术之人。别看这厮没学历没文凭，但学习能力超级强悍，所以他才能够成为历史上的风云人物。

（02）

袁世凯死后，北洋军阀自家掐咬起来。这段历史，又称"北洋混战"。

北洋有个张敬尧，地地道道的土匪出身，不读书不识字，但治军有一套，算是号人物。

张敬尧治湘时，遭到当地各方势力驱赶，被迫出逃。

他逃奔同为北洋袍泽的冯玉祥，心说都是自家兄弟，肯定会罩着咱吧？可不承想，冯玉祥最讨厌张敬尧，正找不到机会杀他，如今他自己送上门来，冯玉祥大喜。

于是冯玉祥拿来两大本厚书，放到张敬尧面前：听好了小张，不是我冯玉祥辣手无情，非杀你不可，皆因你贪而且暴，不杀没天理。但你我好歹兄弟一场，那就再给你个机会。除非你能够把这两本书读懂，否则就把你正军法。

啥？张敬尧惊呆了：我说老冯你啥意思？你明明知道我不识字……

冯玉祥笑道：你不识字，关我屁事？反正这书你读不懂，就绑赴法场……说罢扬长而去。

过了段时间，冯玉祥想起来张敬尧，就兴冲冲地来了：小张，书读懂了没有？没读懂就没办法了，军法无情啊！

却不料，冯玉祥一进门，张敬尧一个立正站起来，大嘴一张，哇哇哇……竟然背诵起那两本书来。

当时冯玉祥就惊呆了：不是小张，你明明不识字……明白了明白了，你一个不识字的土匪，竟然得到袁世凯的赏识，那是因为你的学习能力超强，不是有这一手，你这种蠢夫，根本不可能在北洋混出来……

从此，冯玉祥对张敬尧的印象大为改观，虽仍不齿于他的人品，但被他在绝境时表现出来的学习能力惊到了，最终没有杀他。

（03）

晚清时，因为闹八国联军。清帝国被迫赔了好大一笔钱。

当时的美国国务卿海约翰嘀咕说：庚子赔款，数量有点太多了，这样欺负善良的中国人，真的好吗？

遂有美国伊利诺大学校长爱德蒙·詹姆士，向美国总统罗斯福建议，将中国的庚子赔款，退还一部分，专门开办、补贴在中国的学校和留学生。

在大清国这边，这笔钱，就称为庚子赔款奖学奖。辛亥革命前夕，少年胡适，考取了庚子赔款奖学奖，去美国读书。

胡适家贫，只能读免费的美国农学院。

当时农学院的专业，有洗马、套车、赶车等，这些胡适勉强能对付。但等上课时，老师拿来一堆苹果，让同学们分类。胡适顿时就崩溃了。

同学们全都是当地农家子弟，苹果从小吃到大，看都不用看，就知道怎么分类。胡适就惨了，他拿着手册左分右归，最后还错了一大半。

一怒之下，胡适离开农学院，转入文理学院。这下子他的特长发挥出来，一口气拿到了历史学、文学和哲学等30多个荣誉博士。

尽管有败走苹果门的悲惨记录，但30多个荣誉博士，证明胡适有很强的跨界学习能力。

如胡适这样，在当时并不乏见。

——即使现在也不缺。

（04）

网上有篇文章，说发帖者遇到的最强跨界事件。

文章说，一年前，他家里安装宽带，来了个技术员，很专业很周到，让他对这个年轻的技术员，留下了印象。

半年后，他在一家电器城，又遇到这个技术员——但他已经不再是技术员了，而是营销员，他正在熟练地售卖数码产品。

从宽带到数码产品，这界跨的还不算大——两个月后，他去家生意火爆的大排档，惊恐地发现，前宽带技术员、数码销售员，现在竟然是大排档的厨师，正娴熟地抖动着手里的炒锅。点了他做的菜，尝一尝，味道真不错。

两个月后，他去修车，竟然在车行遇到了这位技术员、销售员和厨师三位一体的家伙，这货逆天了，他现在是车行最熟练的修车师傅……

——这位不知名的兄台，比前面的几个特例更有价值。你可以注意到，他在短短两年内，追随着最火爆的利润产业而行，宽带火他玩宽带，宽带以后玩数码，眨眼工夫这个产业利润已经被摊薄，于是他转而成为当时最红的厨师。而后他发现，私家车时代，汽车维修是个不错的营生。

什么火他玩什么，跨界不过小意思。

（05）

排列这几桩事，你可以看到，有些人是有超强学习能力的——但也仅限于某些特定范畴。

袁世凯，是晚清时的奇人怪才，政治他懂，军事他懂，经济他懂，文化他懂，中国的现代式学校，都是他亲手操办起来的。这么个伶俐人，但最怕科举。他曾跟晚清状元郎张謇学习，越学成绩越差，最后张謇愤怒地说：出去不许说我是你老师，丢不起那个人……

张敬尧，时代过渡人物，但在绝境时的表现，效果惊人。

胡适，他能搞到30多个荣誉博士，但美国当地产的苹果，这事他无论如何也玩不明白。

最后那位跨界者，虽然他玩得有点嗨，但始终停留在最底层的操作面上。不是他喜欢跨界，只不过所在的行业如春日薄冰，一旦融化就无所依凭，不得不拼挣改行而已。

并不是每个人都能适应任何一个时代，也不是每个人都能适应任何一个行业。

幸运的是，人并不需要适应所有时代，活在当下就妥妥的。也不需要适应所有行业，找到对自己脾胃的就足矣了。

（06）

此前，美国有位妈妈，状告幼儿园。就因为幼儿园教导孩子时，在黑板上画了个圈，并告诉孩子们这是个零。

这位妈妈指责说，幼儿园把一个具无限想象的圆圈，规范成为零，这严重伤害了孩子的想象力，因此要求幼儿园赔偿巨额款项……

这个真实性有待验证的段子，实质是成长教育的先声。

西方人太富了，他们不需要血拼高考，而是花大精力，潜心寻找最适合每个孩子的教育方式。所谓成长教育，不过是对抗知识工具化的恶潮，回归常识认知而已。

（07）

简单说，工业化不过是科学的衍生品。但这个衍生品，却反过来强制性地扭曲了教育本身——许多人上大学，目的是找个好工作，不得不硬着头皮学点杂七杂八的知识，这种对教育的异化，最终形成了以最大的愚蠢主导教育的现实。

——我们经常说智商智商，这就给人一个极强的印象，某些人天生就比另外一些人聪明，智商总量恒固不变。一旦有谁测到自己智商低，无异于判了死刑。

其实，哪怕是拿脚指头去想，都知道智商之说不靠谱。

设若智商这玩意儿管用，那大家还学个屁呀，赶紧给孩子们测智商，高智商的去玩乐，低智商的去挖煤，这不结了吗？

实际上，人的智商是飘忽不定的。受到鼓励，情绪高涨时，大脑就会异常活跃，爱因斯坦都望尘莫及。

而当心情悒郁、情绪低落时，人的智力会直线下降，干出蠢哭的糗事来。

（08）

曾有个老师对我说，老师对孩子智商的影响，太大了，大到了怕人的地步。

他说，他小时，遇到个老师看他不顺眼，经常在课堂上取笑他，这让他情绪低落消沉，原本很好的成绩一下子降下来。那是他人生最黑暗的时光，越努力效果越差。他知道自己遇到了麻烦，就向家长求助。可万万没想到，家长出面，非但没有改变他在学校里的处境，反而让情形恶化了。据他猜测，可能是老师发现他家里赤贫无依，更加肆无忌惮，让他犹如生活在地狱中，多次有过寻短见的念头。

幸运的是，对他有成见的老师患病住院了，新来的老师一碗水端平，于是他咬牙发狠，成绩突飞猛进，最终考上了师范——他说，如果不是那段时间的折磨，他相信自己会去个更好的学校。

但师范已经不错了，他只希望自己对学生们好一点，别再让自己的遭遇在孩子们身上重演。

这样的事，我们可以列举出许多。比如说企业中，受到主管斥骂的员工，就会手忙脚乱，越心慌犯下的低级错误越多。而获得嘉奖者就会扬扬得意，处理起工作越发顺手。

（09）

我们说学习能力强，就是指认识到自己的智力或能力起伏不定的人。

他们知道，自己的大脑是不确定的，情绪好就表现好，情绪差就表现差。人的智商实际上是条波动曲线，忽高忽低上下浮动。

不唯智商不确定，就连这世上的许多事物、许多道理也不确定。

人的思考，从不确定出发，终止于确定性。

说一个人头脑僵化，就是指他大脑中确定不移的东西太多。都已经确定了还思考什么？

确定性越高，表现就越冥顽，学习能力自然就弱。

要想获得强大的智力推动，赋予自我学习能力，首先就必须审视自己脑子中那些固化的东西。不摧毁这些就无法前行。

（10）

我们思维固化成形的，有观念，有结论，有环境，还有对人和事物的看法。

这其中，任何一个固定性的结论，都是我们智力的边界，是我们无法获得强学习能力的症因。

必须摧毁那些固化的观念，你认为人应该是自由的？还是应该建立规范的秩序？唯有不确定性的状态能够促进人的思考，我们必须寻求这个状态，并让自己停留在这里。

必须摧毁固化的结论，一切结论只是当时情境的暂时状态，结论在你脑子里，但世界继续流动。你的结论分分钟都在被推翻，无视这些，就会成为落后于时代的蠢人。

必须摧毁固化的环境认知，无论你怎么看待这个世界，都会找到反例。要留心这些反例，所有的反例都标志着变化，标志着未来的方向。无论你是否喜欢这个方向，但变化时刻在发生。

未来已经发生，只是尚未普及。这世界有条残忍至极的规律——趋势的变化，与你希望的正相反，这是因为人类社会呈博弈态势，今是昨非、朝生夕灭。人无愚智，或有冥顽，所谓学习能力强，不过是有意识地摧毁自我冥顽认知。你脑子中的固化区域越少，你的思维就越灵动，智力就越靠谱——但即使这个观念，也是需要加以摧毁的。

我们需要的，永远是针对自我的解决方案。

而这，只能在对他人观念的认知及吸收，与自己的思维融合之后才会发生。

迷茫困惑，一种局部思维

（01）

朋友给我讲了个很好玩的段子。

说有个年轻人，闲来无事在公园散步，走到一块大石头前，见一个老者，手执巨笔，正准备写字。年轻人就走过去，坐在一边看。

见年轻人走过来，老者斜睨着他，双手执笔，写了个大大的"滚"字。

年轻人就有点上火，你说你这怪老头儿，大庭广众之下写字，你还不想让人看。不让人看你好好说呀，居然提笔就骂人，公园又不是你家的，你凭什么让老子滚？

真是岂有此理！

见年轻人不肯走，老者的脸沉下来，再双手执笔，又写了一个巨大的"滚"。

年轻人的忍耐，终于到了极限，他冲过去，一脚把老头儿踹倒：我叫你骂我，叫你再骂我，不要以为你老我就不敢揍你！

事情闹大，警察赶来。

面对警察，老头儿哭诉道：我好好在这儿写字，正在写"滚滚长江东逝水，浪花淘尽英雄"，刚刚写了头两个字，这小伙子上来就踹我，你凭什么呀你！

啥？你是要写"滚滚长江东逝水"，不是骂我？

误会，误会，全都是误会。

（02）

这是个很好玩的段子。

——非常形象地刻画了我们的思维。

或者人生。

（03）

我们看到的世界，或者思索的问题，只是局部的。

随着时间线的拉长，现在让你确信不疑的，有可能是完全错误的。

（04）

俞敏洪先生曾讲过一个熊孩子的故事。

这孩子读书时脑子缺根弦，读不明白。

不喜欢读书倒还罢了，偏偏还手欠。

他喜欢拆东西，家里有辆破自行车，他每天偷偷拆开来，再装回去。

后来，家里买了辆摩托，他又手痒起来，趁父母不在家，把摩托车也给拆了。

结果被老爹发现，打了个半死。

好了伤疤忘了痛，过了段时间，他的手又痒起来，又把摩托给拆了。

——又被打了个半死。

他就开始考虑，要如何做，才能避免被打半死呢？

——用最快的速度拆开摩托车，再以最快的速度装回去。如果老爹没发现，应该就不会挨揍了吧？

于是这熊孩子的青春成长，就陷入每天跟老爹斗智斗勇，他拆车、老爹打、拆了打、打了拆的过程——结果，同龄孩子全都考上大学了，他却忙于跟老爹斗法，只落个两眼空茫，人生前路迷茫。

前路迷茫怎么办呢？

看看自己能干什么吧——好像就会拆装摩托车。

那就自己买点摩托车零件，组装辆摩托车来卖吧。

（05）

有句话很流行——这个世界，正在严厉惩罚读书不成的人。

但没惩罚这个熊孩子——虽然他不喜欢读书，但玩有专长，他赋予了自己足够的生存能力。

当熊孩子组装了辆摩托，就意识到机会了——那我为什么不注册家摩托车制造公司呢？

他真的这么干了，人生事业就开始了——但，许多城市限制摩托，这个行业发展好像不是那么乐观。

那要不咱们干脆进入汽车产业，好不好？

熊孩子这个想法提出来，身边的人立时就炸了锅！

你知道汽车制造业的门槛有多高吗？长春一汽牛吧？可他们都造不了，要请德国人来。上海一汽牛吧？一样也造不了，也请德国人帮忙——这两家汽车制造厂，什么样的牛人没有？哪个不比你强出百倍？他们都胜任不了的，你个土法上马没读过书的二愣子，不过是靠运气拆装几辆摩托车而已，还是别想入非非了。

万万没想到，熊孩子说了句：造汽车很难吗？

——不过是把两辆摩托，焊在一起罢了。

……这熊孩子，怎么能这样说话?

他就是这样说了。

而且他真的这样做了。

（06）

这个说把两辆摩托焊在一起的熊孩子，他叫李书福。

吉利汽车集团的老总。

吉利的汽车，当然不是真的把两辆摩托焊在一起。但李书福说的技术原理，并没什么大的错误。

你会注意到，李书福的视角跟别人是不一样的。

别人看到的只是问题。

李书福看到的却是机会。

——事实上，所有的问题都意味着机会。人生也好，人类社会也好，都是通过不断解决问题而前行。能够解决人生问题的，就是成功者。能够解决社会问题的，就是了不起的大人物。成功者与失败者，大人物与小人物，所面对的是同一个世界。但不同的思维，让他们产生了不同的行动，并各自得到了自己必然的结果。

（07）

多数人都是从底层或低端起步。

越是底层越是低端，问题就越多——也就意味着机会越多。

只看到问题的人，就会陷入苦痛绝望之中，感觉自己好命苦，人家生下来有背景，自家只有背影，别人是人见人爱，自己是人见人踹。问世间，人生何物，直教人双目泪垂，天南地北双飞客，谁也没有咱苦……就这样自怨自艾、积泪涨江，但无改于人生现状。

所有的迷茫困惑，实质上不过是一种局部思维。

——只看到了现状，而忽略了这个世界的变化。

（08）

马云曾在香港遇到个年轻人，向他抱怨说：人生好艰难，机会都让你们抓走了，什么也没给我们剩下。

马云说：你错了，我们根本没抓住任何机会——实际上，我们抓住的只是问题和困境。

——回溯马云的阿里巴巴，有记忆的人会想起，早年的阿里是个多么荒谬的想法！

那时候中国的商业市场，远比现在落后得多，骗子无数，欺诈横行。许多人在商场买到假货，都投诉无门。马云竟然想到网络交易，这岂不是脑壳灌水了？当年许多人嘲笑马云：网络交易，根本不可能，你买货的，敢不敢先打钱过去？打钱过去，人家根本不发货，只是个骗子，你找谁说理去？你卖货的，敢不敢不见钱就发货？发了货收不到钱，谁来赔你？

冯仑说过，事实上当年的马云，根本解决不了这个问题。他能够想到的法子，现在看起来是很弱智的——冯仑说，当年的马云，是在网上将买家卖家，联系好了之后，线下见面，见面的地点就在西湖，然后再面对面地交易。

支付宝出现之前的马云，不存在丝毫成功的可能。

可是忽然有一天，马云发现了支付宝。

——为什么是他发现？而不是别人？

很简单，除了马云，没人需要支付宝，即使把支付宝跪送到你面前，你也会扔到门外——只有马云需要，因为支付宝是他的人生解决方案。

支付宝以第三方的形式，瞬间化解了马云的经营难题，也化解了市场交易中多年无法解决的信用问题。

只是刹那间，马云就从必死无疑，走到了必肥无疑的另一个极端。

（09）

什么叫机会？

机会就是两个偶然性，构成一个必然的结果。

（10）

人生是不确定的。

——人生最大的忌讳，就是在时间线极短、完全是局部观察下，得出结论并仓促下决定。

比如说开篇的段子，年轻人看到连续两个"滚"字，就果断地认为这是在骂自己，第一个字忍了，第二个字忍无可忍。但当他一脚踹出后，才知道是自己想多了。

比如说吉利汽车的李书福，他在汽车制造产业的判断力，比之于读书万卷的工程师更明晰。就是因为工程师都是看书本，永远只知道自己学到的那一点点，而李书福丢开书本无师自通，反倒能看到产业全景。

比如说阿里和马云，只从最初的局部来看，马云根本不存在成功的可能，正因为没可能，聪明人才拒绝选择这绝无可行之路——可这绝无可行之路，只是支付宝出现之前的局部。可以确定马云当时根本不知道世上还有支付宝这么一说，但他坚信在一个更长的时间段上，局部的不可能，会转化成巨大的可能。

重复一遍——在一个更长的时间段上，局部的不可能，会转化成巨大的可能。

（11）

有个成语叫鼠目寸光，意思是说，时间线太短的人，只能看到眼前的蝇头小利，看不到未来的变化与可能。所以缺乏眼光的人，总是把局部的微小利益，曲解为所谓的机会。纵然是拼尽全力，抓住了这个所谓的机会，但时间不长，就发现自己所谓的机会，早已成为可怕的陷阱。

乡民形容这种情况，有句非常动感的话——吃屎都赶不上热乎的。

这就是有些人迷茫困惑的因由，只因为你所谓的机会，只是时间长河中的一个瞬间泡沫，没抓住算你运气，抓住了才会带来更大的悲哀。

不要目光太短浅，不要只看到局部利益。

你需要打开自己的视野，放开自己的心，在更长的时间段上，认真地考量自我人生选择。

（12）

并不是所有出现在你脑子里的东西，都是有价值的。

——所有指向自我的、情绪化的，诸如失落、怨恨、委屈、愤怒等，之所以被称为负能量，就是因为消极情绪只是个时间的旋涡，只是个黑洞，会吞噬掉你的智力，让你大脑的活度降低，丧失思考能力，陷入越想越苦闷、越想越没希望的恶性循环心境中。

——时间线是个好东西，要做时间的朋友。时间对任何人都是公平的，你若真心爱她，她必投怀送抱。失去时间观念的人，会陷入短视的恶性循环，被生活严厉惩罚。只要你的思维中有了时间这个概念，局部的一切定论，都会被推翻。更长的时间俯察，会让你目光犀利，心无外物，纵云烟滚滚，难染浮尘。

——再长的时间线，也只不过是局部的。受限于我们自身的认知不足，仍无力掌控一切。但只要心有定力，拥抱变化，知道眼前一切不过是转瞬即逝，长久价值的获取，不过是颗激情而平静的心。

——与其终日所思，莫如须臾之行。在一个极长的时间线上观察你的人生，会发现所有人的命运，都是跌宕起伏、上下不定的。有荣必生辱，有成必有败，所谓成功者不是直线上行，而是螺旋式的。而成功者之所以很难再被打回原形，是因为他们在实战中，越来越富有行动的智慧。

所以别再说什么迷茫了，今日忧苦，不过是昔年识见不足的果。太过于短视的局部思维，让自己的心，泥陷于繁杂情绪的困扰。风物宜长放眼量，得其大者兼其小。世事如潮，反复不定，所有那些让你担忧的，不过是迷惘错觉。你需要把握的东西只有一样，让自己的明天，比今天稍微好上那么一点点。点滴积累，渐成精品。属于你的时刻终会来临，绽放时厚积薄发，等待时心如止水，这就是时间的智慧，也是你生命的自然构造。

谁的成长不是险死还生

人生没有失败，只有铺垫

（01）

做人，最要紧的是通透。

通，没有障碍，可以穿过，能够达到。

透，看穿障碍，看明方向，看到目标。

通透之人，自由自在，舒适爽快，活得轻松，活得坦率。

不通透之人，惯于无事生非，横生枝节。堵自己路，憋自己心。把好端端的人生弄得鸡飞狗跳。因而疏离于快乐，压力巨大。活得委屈，痛苦艰难。

（02）

拦江书院的一位院士给我讲，他在网上看到有个孩子，发帖倾诉内心苦痛。

孩子说：他的父母不懂教育，对他态度粗暴，野蛮压制。8岁时因为尿床而羞辱他，10岁时当着别人家孩子的面讥笑他，骂他没有上进心，终将一事无成。可无论他要做什么，父母总是横加干涉，泼冷水打闷棍，让他太多的渴望胎死腹中。

他说：父母皆祸害。

父母的残忍粗暴，字字如刀，句句刃利，切剐着他的心，让他辗转反侧，夜不能寐。他呼吁天下父母，体谅孩子的脆弱凄苦，不要再伤害孩子啦……救救孩子！

　　听他说得凄惨，院士就建议：你老大不小了，应该自立了，为什么不搬出来自己居住呢？

　　不行！对方说：如果我搬出来，就没地方住了。

　　怎么会？拦江书院的院士诧异，顺着这孩子的话清理一下，才意识到发帖孩子应该是位40岁的大叔。

　　40岁的大叔，还在抱怨父母，这事怎么想都不对味。

（03）

　　有个孩子，在网上倾诉爱情之苦。

　　他喜欢一位女神，剖肝沥胆地表白，每天10块钱的零花钱，9块9用来给女神买早点。但女神始终是若即若离，既不答应也不拒绝，零食照吃却不表态。直到有一天，富二代驱车而来，女神袅袅登车，对他说：我不是贪慕虚荣之人，也不注重物质享受，你只要……

　　只要什么？

　　男孩说：车开走得太快，后面的话我没听清……

（04）

　　有个女孩，也不知交了什么奇怪的霉运，恋爱时两眼痴迷，所交非人，接二连三遇到渣男。吃饭必逃单，吵架就发癫，眼高手又低，怒刷存在感。

　　听说人间有四大神兽：最优秀的别人家孩子，最懂教育的别人家父母，最温柔的别人男友，最宽厚的别人老公。四大神兽，完美无缺，天天听说，却从未见过。

女孩仰天长啸，飞泪如雨，为什么，为什么我就遇不到一个优秀男孩子？

（05）

我们于日常遇到的、见到的及听到的事，不止上述几桩。

余者诸如：

如何从困境中走出来？

如何获得存在感？

如何成熟？

如何让内心更强大？

如何成为一个有教养的人？

诸此问题，林林总总，全部罗列出来，大概能绕地球十几圈。

诸多不同问题，应该各有其解决方案。但实际上，上述问题都是出自同一个症因：

不通透！

没看明白，没想清楚，没理分明。

——所以，诸此问题，其实有着同一个解决方案。

（06）

大概3个月前，心学讲武堂的一个女学员对我说：雾老师，我想成为一个美女作家，现在完成了一半目标，另一半该如何着手？

一半目标……意思是说，她现在已经是美女了。下一半目标，就是要如何才能让大家承认她是个作家。

当时我回答说：作家、艺术家，以及工匠什么的，都是技能属性。

技能，不是手把手能教出来的。

而是自我训练的结果。

——所有大牌的作家，都是躲小屋子里点灯熬油，刻苦磨砺而成就的。

——掌握技能的人，好比是厨师，只听厨师讲课却未经自我训练的人，最多不过是个挑剔的食客——学院教育，能够教出文艺批评家，却教不出作家；能够教出历史鉴识者，却教不出历史学家；能够教出工程师和数学老师，但教不出科学家和数学家。

要成就事业，必须遵循"五倍资源法则"。

（07）

为了达成目标，必须准备5倍的资源。

——给人一杯水，你至少先要准备一桶水。

诸如一个厨师，哪怕烹饪理论背到滚瓜熟透，但端起炒勺，可能要炒上5盘菜，才有一盘勉强让人吃下去。

诸如一辆车，哪怕是造得华丽非凡，也需要横贯崇山峻岭的高速公路，才能让车飙起来。如果你修建的公路跟这辆车同样大小，此车必成废物点心。

诸如一簇植物，需要足够的成长空间，足够的泥土，让植物根系舒展扩张，汲取营养。如果你把植物养在与其根系同样大小的空间里，此植物必死无疑。

——阅读者，如果要养成娴熟的阅读能力，至少要阅读5倍于教科书的经典，才能形成文字敏感，达到一目十行而过目不忘的程度。许多读书慢的人，不明白这个道理，总是担心别人说自己阅读不用心，阅读时不敢加快速度加大量，搞到大半年也读不了几页书，越读越慢，越慢越记不住，最终彻底丧失阅读能力。

——职业作家，哪怕是个垃圾写手，他要想拿出2000字来，至少要怒写1万字！如果他把写的1万字全端出来，行家拿鼻尖一嗅，就会喷出一句：你这里边 80% 不过是肥料！

2000 字的精华，是靠了 5 倍的文字量滋润而成的。

这个就叫写作的"五倍成功法则"。

（08）

五倍成功法则，不仅是说阅读、说写作。

——也是人生事业爱情生活诸方面的规律性体现。

体育巨星飞人乔丹，被视为商业社会的成功者。

但他说：You are wrong，我从来不是什么成功者，从来就不是！

我实际上是个巨大的失败者。

曾有 9000 次，我在绝对优势情形下投球，大家都认为应该进，我也认为应该进——但球没有进。

9000 次没有进，脸皮巨厚的我，气不馁，心不慌，仍然淡定地投球。

于是投进了 4473 次。

——9000 次没有进，这只是在正式比赛的球场上。

日常训练时，我投球次数，不少于 67365 次。

哪有什么坚持，唯有死撑。

——没有这 67365 次的自我训练，就不会有这 13473 次的场上机会。

——没有 13473 次的场上机会，就没有 4473 次进球的机会。

——没有 9000 次的失败，我就是你——从未失败过的你！

（09）

相比于屡败屡战的迈克尔·乔丹，很多人恐惧失败。

他们不知道，失败是必然的，成功是偶然的——所谓成功，不过是例行失败出现差错的结果。

就比如文中第一个故事，40多岁的老男人还靠爸妈养活，每天抱怨爹妈不懂教育——也亏他脸皮够厚，十几岁时说这事还有道理，二十几岁开始自己人生，就失去抱怨爹妈的义理依据了，可这老兄人到中年还在说这事，就是因为他人生累积太少，从未干过正事，没有体验过连续性失败之后，偶然出现成功意外的惊喜。

失败不可怕，空白才真正令人恐惧。

另外几个故事，索爱无果的男孩，人生陷入低谷的失意者，与总是遇到渣男的姑娘，归结起来也是同一个道理——他们的人生失败太少，缺少足够的经验资源，无力应对下一场的人生挑战。

正如一个作家，狂写5本书，才有1本有出版价值。人生的任何一步，都需要5倍的资源储备——即使是5倍的投入，也未必就一定会赢。必须如乔丹那样，近7万次的场下训练，才获得1万余次的场上机会。而后是一多半的失误，以及偶然的幸运，才构成常态的人生。

（10）

人生根本没有什么失败。

只是有些人，曲解了事务推进流程。

……什么叫事务推进流程？

聪明的男孩，在追女孩时会精心计算，追这个女生大概要花半年时间，要与之会面30次。那么就可以把整个追求进程，在脑子里列出个时间表。第一次只是相识、微笑、留下点印象；第二次点头、致意；第三次搭上话；第四次关心问候……第十次请人家吃饭……第十五次看电影；第二十次从电影院里出来，要牵着人家的手……第三十次还是牵着手，但直接牵进洞房。

——你要说服的客户、追求的目标、达成的任务、完成的使命，正如这个姑娘。没有前 29 次的铺垫，人家凭什么进你家洞房？

可有些朋友，执拗地把前 29 次铺垫视为 29 次失败。不敢追求，不敢行动，坐视机会女神被别人拖走，而自己形只影单。

——人生没有失败，只有铺垫。

不敢尝试的人，都是错把铺垫当成了失败。所以有些人会放弃自己，失去自立，拿自己当成无骨藤蔓，想缠在别人身上——所以最美的情话，一度是"我养你"。可这话信不得，人生如逆水行舟，不进则退。你坐视自己一天不堪一天，却希望爱情地久天长，这于对方而言太不公道了。人生最可怕的，是把命运交到别人手上，如同蜷伏于笼中的鸟儿，一旦疏忽了投食，悲惨就到来了。电视剧《我的前半生》，把这个道理已经说透——每个人都是罗子君，必须保持强大的生命活力，读书、交友、旅行、扩大自己的生存圈，自立者才有自尊，自强者才有明天。人生不过是场声势浩大的单独旅行，要活得通透、看得分明，闲时忙时铺垫事业，当铺垫的资源构成肥沃的泥土，我们的未来才会厚积薄发，盛开出美丽绚烂的生命之花。

没有目标的人，只能替别人完成目标

（01）

常有人说困惑，说迷茫。

不知道自己的兴趣是什么，不知道自己想要什么，没有目标，没有方向。

仿佛生命被冻结，要从何着手，才能够重新激活？

（02）

曾有个孩子，幼年发蒙，读书识字。

孩子不算太笨，很快认识了近千个汉字。

然后开始读书。

——但当这些汉字连成一句话时，孩子却完全无法理解，根本看不懂。

——这是极严重的阅读障碍。

就是大脑综合处理视觉、听觉信息不协调。

孩子的父母很郁闷，说：不会读书的人，迟早会被现实惩罚。孩子你得想办法解决这个问题。

可一个懵懂孩子，能有什么办法？

只能听天由命，自生自灭。

（03）

孩子9岁时，因病住进医院。

父母拿来些书和画报杂志，让躺在床上的孩子打发时间。

书，孩子看不懂。

画报勉强可以翻翻。

很奇怪的，画报中有首小诗，孩子居然读懂了。

当时孩子就兴奋起来，感觉自己还可以再抢救一下，又萌生出读书之念。

（04）

想读书的孩子，向老师请教：

老师，我想读书，可书上的字我认识，但连成一句话却看不懂，这可咋整？

老师也是个萌货，他推了推鼻尖的眼镜，对孩子说：

书山有路勤为径，学海无涯苦作舟。读书，从来就没有第二个法子，唯刻苦而已。你说你字都认识，但连成一句话就看不懂，这都是屁话。是你不用心，不愿意努力。你看人家斯大林，操劳国事，日理万机，每天还要花两小时，阅读8000页的书。人家能做到的事，你怎么就不能？

斯大林，两小时读8000页的书！孩子听得心驰神往。在心里对自己说：我也这样做，每天读书两小时，读8000页。

下决心是容易的。

可等真正做起来时，孩子才发现，这个目标难度有点高。

（05）

孩子开始训练。

上好闹钟，拿起书来硬读。

丁零零……两小时飞快过去。孩子手里的书，才读了几页，而且压根儿没读懂。

只读了几页没关系，没读懂更没关系，反正这个训练要持之以恒，人家老师说过啦，绳锯木断，水滴石穿。只要功夫深，铁杵磨成针……就算是自己不是铁杵，只是木棍，那磨到最后，也会磨成牙签，扎人见血不含糊。

就这样，蠢孩子开始了长久的自我训练。

从小学，训练到初中。

从初中，到高中。

学习成绩居然越来越好。

甚至还收到了吉林大学数学系的录取通知书。

孩子很骄傲，嘿，咱考上大学了……咦，等等！

说好的两小时读 8000 页的书呢？

孩子之所以每日读书不辍，本意不是为了考大学，而是要达到两小时读书 8000 页这个目标。眼下大学是考上了，可读了这么许久，孩子在两个小时内，最多只能读本 300 页的小说，如果换本历史文献或是哲学著作，连 100 页都读不到。

孩子心里，感受到深深的挫折。

自己智力……似乎不太靠谱。

人家能在两小时内读到 8000 页。他努力了 10 多年，竟连人家的十分之一都不及。要说智力正常，自己都不信。

或许……是训练方法不对？

（06）

孩子每天训练，都是找本 300 多页的书读——没有读过超过 8000 页的书。

所以他想，如果只读页数在 8000 页以上的书，说不定这个训练就靠谱了。

说做就做，孩子兴冲冲赶往图书馆，去借 8000 页以上的书。

——可图书馆里，根本没有这么厚的书。

没有也不要紧。

那就多找几本书来，只要总页数凑足 8000，一样算数。

孩子开始到处搜书，摞在一起凑页数。

等页数凑足，孩子又惊呆了。

——总页数超过 8000 的书，要十几本，摞起来半米高。

这么多的书，真的要在两小时内读完？

好像此非人力所能及也。

到这时，孩子才感觉什么地方不对。他上好闹钟，开始快速翻页——只翻页，不阅读——两个小时飞快过去，闹钟丁零零大作，孩子已翻到手腕麻酥——可那 8000 页的书，根本就没翻完！

当时那孩子两眼垂泪，醒过神来：

——两个小时才 7200 秒。

——要在 1 秒钟翻过一页书并读完，根本不可能。

他被老师骗啦。

——智商不够用，不骗你骗谁？

——如果吉林大学数学系，知道这孩子不识数，铁定会把录取通知回收。

（07）

大学毕业多年后，始终没有完成人生目标的孩子，在北京。

他大学时的辅导员，来到北京。

孩子——他早就不是孩子了，但心智认知，并不比9岁时有多少长进。所以我们还是叫他孩子好啦——孩子带了自己写的几十本书，整整两大袋子，去看望辅导员。

看着那满满一桌子的书，辅导员心花怒放，大声喊：谁说学数学的，就不能写书？你看这么多的书，都是学数学的人写出来的！

——到我写这篇文章时，这孩子已经出版了90多本书。

超过这蠢孩子的身高。

（08）

故事中的蠢孩子——就是正在写这篇文章的，雾满拦江。

就是我。

我用我一生的生命，践行我在9岁时，读到的那首诗：

莫怕孤独

你所爱的

一样也没有失去

正如寒夜里那颗遥远的星

纵然你

永远无法抵达

但始终，照亮你生命的行程。

——我们为人生设置目标，不是为了抵达。

——而是要让目标，犹如寒夜孤星，照亮我们的人生之路。

——使我们不迷茫，不困惑，不气馁，不放弃。脚踏实地，纵如长夜，暗黑无际，也会健步如飞。

至今我也未达成两小时读 8000 页书的目标。

——但却克服了阅读障碍的缺陷，获得了阅读和思考能力。

（09）

为什么你迷茫？困惑？

因为你，没有人生目标。

为什么你没有人生目标？

——因为你错误地解读了"目标"二字，以为人生目标是用来抵达的。

目标不是用来抵达的，而是用来成就你自己。在起步之初，我们的人生积累几近于零，根本不知道世界会发生什么变化，更不知道应该走向哪里。这时候我们需要一个目标，一个挑战人生优秀制高点、一个借以展开思考的思维工具，帮助我们完成以下三个任务：

第一个任务，知道你在哪里。

目标的价值与意义，不在于终点在哪里，而在于起点。

许多人之所以没有目标，只是不知道自己身之所在。不知道自己在哪里，当然不知道该走向何方。审视自己的所在，审视自己的缺陷与不足，挑战并修复这些缺陷，就是我们人生的开始。

第二个任务，知道你要走向哪里。

走向未来，须得知道未来的方向。未来正如历史，必是智者生存。所以我们的目标，必然是向智慧挺进，必然是挑战人类亘古千秋的求真之路。这就是我们的目标，也是所有人的。

第三个任务，完成或者找到你自己。

什么叫自我？

你的起点，与你的目标之间，就是你人生的追寻与求索，这就是自我。

是我们做了什么，定义了自我。而非我们心里的想法与愿望。

是目标成就我们，拓宽了我们的人生。

——没有目标的人，只能替有目标的人完成目标。

（10）

两个人一道来到山谷。

一个人走到谷口，躺在树下呼呼大睡。

另一个人进入山中，他看到了芳草连天，繁花无尽。他见证了风起风落，云卷云舒。他品尝了鲜美的山果，欣赏了蛱蝶轻舞。他追逐着美丽的小鹿与松鼠，还曾被野猪和群狼追赶到树上躲藏。

他历尽繁荣与艰辛，回到谷口。

始终停留在谷口的人醒来，嘲笑第二个人：你走出那么远，累得像狗一样，最后不还是回到起点，和我又有什么区别？

第二个人回答：不，我们不一样。

尽管我们的起点相同，终点也相同，但我们生命的质量却截然不同。

生命的质量，来自于你我不同的经历与累积。我来过，我见过，我努力过，所有的经历，所有的非凡，所有的花香与鸟语，所有的起落与浮沉，如种子一样沉积在我的心里。这些种子，会在午夜人静时分，悄然绽放，如空谷幽兰，馨香四溢，充盈我的生命与知觉。而你，纵与我人生同行，却只收获了无尽的空茫与失意，没有积累的心，永陷于匮乏之中，日日夜夜承受着迷茫困惑的煎熬。

如果你，想走出苦寂的心，想走出空虚与迷惑。那就随我来。

请随我来，看这世间云卷云舒，看这天地红尘滚滚。请随我来，找到你性格中的最大缺陷，并发起高难度挑战。或许你终生也无法赢，无法达到目标，但是，你在这个过程所做的一切，日积月累，渐成自我。犹如厚重大地，滋润出无尽辉煌的生命盛景。这就是我们的人生，起点或终点毫无意义，有意义的始终是现在，是当下，是过程。

大局有时你是顾不全的

（01）

我有个朋友，上周跟老板去见客户。

途中，老板让他找家文印店，复印一下资料。

快到文印店门口，迎面来了个快乐的乞丐，冲他晃动着一只脏脏的缸子。

他身上恰好有个1毛的硬币，就掏出来，扔到乞丐的缸子里。

万万没想到，乞丐一看那1毛钱，顿时满脸鄙视，把钱扔掉，还骂了他一句很难听的脏话。

他很生气，就说：人家好心好意给你钱，再少也是个善意，你怎么可以当面扔掉，还骂人家呢？

遇事讲道理，才叫高素质。

可是乞丐不听他的道理，只是一味辱骂他。

他与乞丐激烈地争辩起来。正吵得激情四射，老板找来了，见面就骂了他一顿，说他蠢萌无极限，不理性，不顾大局。

他很委屈，自己也是妈生爹养娇惯长大，凭什么要受污辱？

明明受了委屈，老板凭什么还指责他不顾大局？

大局是什么？

为什么要顾它？

（02）

人生成长，是有阶段的。

婴幼童年期，少年青年期，再到成熟期。

这是生理年龄。

认知成长也分阶段，对于大局的认知，由低而高，渐渐成熟起来。

（03）

有个孩子，渴望去公园玩。

数次苦求爹妈。

父母答应了，说到了星期日，一定带他去。

可到了那一天，忽然间孩子的姥爷病了，爸爸妈妈立即放下所有事，一起赶往医院。

去公园的事，不提了。

孩子大为震惊：明明说过的带我去公园，怎么可以不去呢？

他号啕大哭，死抱住父亲的腿不撒手，一定要去公园。

爸爸妈妈毫不客气地把他揪起来，噼里啪啦一顿"混合双打"。

他躺在地上，哭得死去活来。

委屈，太委屈了！明明是爸爸妈妈说话不作数，反而暴打他，太不讲道理啦！

好多年后，这孩子自己也做了父母，反思说：孩子的心太小，只能放进一件事。只知道爸爸妈妈答应了自己去公园，只知道爸爸妈妈不遵守诺言。打孩子是不对的，但当年的自己也实在是蠢萌，不知道姥爷患病的事是远远大于自己去公园玩乐的。

这是人生成长的第一阶段：不知大局。

（04）

不知大局，自然难以顾全。

等知道这些，就努力克制自己。

避免让自己的冲动，耽误了大局。

心理学家毕淑敏讲过一件事，有个姑娘，活泼伶俐，青春漂亮。可是有段时间没见面，再见到时毕淑敏大吃一惊，极短时间内，姑娘变得脸色蜡黄，面容憔悴，仿佛突然间老了几十岁。

毕淑敏惊讶地问她：你怎么成了这模样？

姑娘哭诉说：她的老公脾气暴躁，不体贴她。在家里吃饭时，嫌她炒菜太慢破口大骂。去外边的餐馆，又嫌她点菜太慢骂她。总之丈夫每天都要羞辱她几次，或是嫌她穿戴太土，或者嫌她打扮花费时间，让她受尽了委屈。

毕淑敏问她：你为什么不和他讲道理？

姑娘回答：毕老师，你不是经常告诉我们，人要有肚量，要顾全大局，要忍辱负重，要委曲求全的吗？我照你教导的去做，有什么不对？

不是你……毕淑敏摇头叹息：姑娘啊，你误解了忍辱负重，误解了委曲求全。

——忍辱负重，委曲求全的意思，是说你在人生事业的路上，总难免遇到冷嘲热讽。理这些人你就上当了，走自己的路，让别人去说吧！

不是在暴力凌侵面前忍气吞声。

这是人生成长的第二个阶段：不明大局。

（05）

人生成长的第三个阶段，顾不全大局。

网络上有位老兄，诉说他的艰难。他是公司骨干，极得老板赏识。老板有心对他委以重任，给他一片成熟市场，让他挑头来干。

可他同时又是位顾家的暖男，妻子对他非常依恋，上班时一会儿一个电话，下班后稍晚一点回家，妻子就焦虑不堪。

他很清楚，如果接受了新职务，就不可能维持现状。一边是事业，一边是家庭。孰轻孰重？他好生为难。

其实他面临的困境，是自己造成的。

他不该故意培养妻子对他的过分依赖，而应该鼓励妻子养成独立意识。失去独立能力的妻子，并不会因此而感激他，相反，会要求他拿出更多的时间和精力陪伴自己。纵然他放弃现在这个机会，也会面临着日后的情感危机。

人走到这步，就要变得果决起来。

进入人生成熟阶段。

（06）

人生的第四个阶段，是不顾全大局。

每个人心里的大局，是完全不同的。

只有当你真正明了什么叫大局，才会不再理会那些貌似大局而非大局的东西。

（07）

人生的第五个阶段：不顾而全大局。

什么叫不顾而全大局呢？

就是抓住生活工作的根本，彻底化解未来的不测。

以前有本书，写一个移民美国的工程师，在一家汽车制造厂工作。

工作又忙又累，回家时已经累到半死，根本没时间教育孩子。所以孩子就早早地叛逆，跟当地一伙小流氓混在一起。再发展下去，这孩子会把人生所有的错误统统犯过，直到彻底毁了自己为止。

怎么办呢？

工程师动起脑子。于是有一天，他趁儿子又在家里叛逆，扬言不再读书时，他假装漫不经心地一拍儿子的肩膀：嘿，兄弟，我们公司有个好工作，不需要读书的，赚钱老多了，有没有兴趣？

兄弟？儿子特喜欢父亲对他的新称呼：要得要得，明天一定带我去。

次日，工程师把顽劣儿子，带到工厂，交给了最狠辣的工头，安排在生产线上，不停地拧螺丝，动作稍慢就会被工头吼骂，甚至威胁要揍他。

儿子被工头压迫着，干了整整一天，回家已全无人样。

次日，儿子早早背着书包去了学校。

再后来，这儿子成了斯坦顿大学的心理学讲师。他在课堂上跟同学们讲这件事时，说：体力劳动是最应该受到尊重的，但请相信我好了，你如果连脑力劳动都干不来，更干不了高难度的体力劳动。早在我父亲当年把我带到工厂的那天，我就明白了这个深刻的道理。

这个工程师的做法，就是典型的不顾而全大局。

——只有尊重别人独立思考的权利，你才能真正顾全大局。

（08）

总结前文，人生的五个时态，不过是算法：

第一阶段自然算法，本能情绪冲动，不知大局。

第二阶段物理算法，直线思维，不明大局。

第三阶段社会算法，矛盾博弈，取舍两难，顾不全大局。

第四阶段生态算法，抓主要矛盾，不顾全大局。

第五阶段智慧算法，不算而算，不顾而全大局。

再来看文章开头的故事，去复印的老兄，半路上撂下正事不顾，跟个乞丐吵架，就知他正处于人生的初始阶段，不知大局。不知道自己是有正事的，完全被情绪所左右。

（09）

村上春树说：要做一个不动声色的大人了，不准情绪化，不准偷偷想念，不准回头看。去过自己另外的生活。你要听话，不是所有的鱼都生活在同一片海里。

孩子是情绪化的，逃避成长的人才会偷偷想念，才会回头看。他们总想停留在孩童时期，继续让父母背着他们走。可是他们忘了，孩子的岁月静好，那是父母负重前行。你越是长大，父母越是吃力。等到你体壮如牛，就该从父母的后背上下来，自己行走了。可如果执意不肯，甚至哭闹打滚，抵死不依，那绝对是件坑爹的事。

不是所有的鱼，都生活在同一片海里。你工作生活中遇到的绝大多数人，都只不过是浮光掠影的人生过客。擦肩而过的人，为你带来的情绪波动，关系不到你的人生大局。你必须足够的努力，才能把握住人生主旨。才能辨认出，那些终将与你须臾相伴的人。

所谓努力，就是主动而有目的的活动。失去主动的人生没有目标，没有方向，困于浅陋的认知中难以挣脱，终至承认自己的平庸。平庸的人眼睛望着地面，看不到全局，或不知大局，或不明大局，时常枉费心机，或者事与愿违。所以村上春树说：平庸这东西犹如白衬衣上的污痕，一旦染上便永远洗不掉，无可挽回。

人生大局只有一个，成长，成就事业，懂自爱而后人爱你，先自尊而赢得人生尊严。这意味着心境的澄明、认知的明晰、能力的强大、责任的履行。只有举重若轻、游刃有余、万物不恤于怀，才会领略人生的美丽风景。

总之岁月漫长，然而值得期待。

为什么善良的好人总是被欺负

（01）

连岳先生说：人活着，会不停地遇上坏人。

长成什么模样的是坏人呢？

天生邪恶者、嫉妒者、仇恨者、背信弃义者、恩将仇报者、寄生虫……这些都是。他们或者伤害你，或者剥削你，让你活在痛苦与绝望中，失去欢乐与幸福。

连岳先生真诚建议：遇到这些坏家伙，你须得有当坏人的眼光、能力和勇气。否则就会陷在他们之中，再也没机会遇上其他好人啦。

……遇到坏人，就再也没机会遇到好人了！

好可怕。

真的会这样吗？

（02）

世上确实有坏人。

去年上海闵行法院，审理了一起案子。

一位姑娘指控前夫对她滋扰、虐待与殴打。

并当场拿出了视频，视频中姑娘被打得好惨。姑娘解释说：离婚后，前夫屡次到她家揍她，朝她要钱，她被迫给了前夫300多万元。但前夫滋扰不休，不得已，她在家中安装了摄像头，录下了她惨遭殴打伤害的过程。

那男人怎么说呢？

男人承认，那天他确实打了对方，而且银行流水显示，他也确实从姑娘那里拿到了钱。但是，只有录像的那次他打过姑娘，而且是姑娘自己挑唆的。

律师则称，不排除视频是姑娘设局，目的是想把给前夫的钱再要回来的可能。

这个男人，就是最典型的坏人。

他从姑娘那里夺走300万元，仍纠缠伤害姑娘，而姑娘为了摆脱他，竟如此艰难。

（03）

公号英国那些事，讲过一件瑞士的事情。

瑞士姑娘黛安娜，发现丈夫利昂形迹反常，于是就登录了利昂的邮箱，进去一看，顿时大吃一惊。

原来丈夫劈腿已经好久好久了，而且是同时跟好几个人。

愤怒的黛安娜就去质问利昂，不承想利昂勃然大怒：你敢侵犯我的隐私，我就让你付出代价！

说做就做，利昂匆匆去了法院，控告妻子侵犯他的隐私权。

法庭开庭，对黛安娜说：你家老公有劈腿，本法官深表同情。但本案只能遵循瑞士法律。法律规定，偷看他人隐私是有罪的。所以判你有罪，罚你交出9900瑞士法郎的罚款，另需支付4300瑞士法郎的罚金，作为对警方执行公务的补偿。

此案引发了网友的愤怒声讨，但不会影响判决结果。

——这个男子就是坏人，他比你精、比你诡、比你诈、比你狠，甚至比你精熟法律，你说你怎么跟他玩？

<h2 style="text-align:center">（04）</h2>

坏人是个坑。

一旦遇到就会陷进去。

知乎有位做心理咨询的朋友，讲述他遇到的客户。

客户是位姑娘，询问男友习惯性劈腿该不该分手？并酣畅淋漓地描述男友数次劈腿过程。

咨询师：那是必须分啊！这种渣男不分，留着过年吗？

但姑娘真的把渣男留到了过年。

过段时间姑娘又来了，详述渣男对她的伤害变本加厉，恳求支招。

咨询师苦苦相劝：这男人太无耻了，跟他分了好不好？

好的。姑娘假装答应。

过段时间姑娘又来了，详述男友对她的伤害升级，已经让她濒于崩溃，走投无路，恳求支招。

咨询师急了：已经告诉你两次了，让你跟他分，你固执地不肯听。你今天的结果，是自找的，你眼瞎怪我吗？

猜猜姑娘做了什么？

姑娘恶狠狠地咒骂咨询师！

拉黑！

为什么姑娘由任坏人伤害，却对帮助她的人恶语相向呢？

——可怜之人必有可恨之处。

——坏人之坏，就在于他处心积虑地毁掉你。

——毁掉你的自我，毁掉你的认知。

——让你成为一个不识好歹的伤害者，在恶人面前俯首帖耳如小绵羊，在帮助者面前凶残暴戾不可理喻。

（05）

这里列举的几个案例，受害人都是姑娘。

——对于坏人来说，女性是这世上最完美的猎物，可以骗财，可以猎色。而且坏人既然要做坏事，就会层层布局，一步步地解除你的心理防御，摧毁你的自尊，瓦解你的自信，最终让你彻底失去自我，沦为无意志的存在。

坏人是如何做到这些的呢？

——就是利用了好人的弱点！

（06）

世间为什么会有坏人呢？

这是大多数好人想不通的问题。

想不通，那是因为好人对自己缺乏了解！

——你必须从一个坏人的角度，认认真真地来看自己。看看你这个所谓的好人，到底出了什么问题？惹得坏人排队上门欺负！

（07）

好人是一种不具侵略性的存在。

最大的特点是认知闭塞！

比如说上海那位姑娘，被前夫打到怕，被迫转账 300 多万！

拜托姑娘，有这 300 万元，你可以用 1 万元钱雇一个人，共雇 300 个壮汉，吓也吓死你前夫了！

——可是姑娘想不到这点。

——因为她处于自我封闭的状态中。明明问心无愧，却好似做了什么亏心事一样，害怕打开社交圈子。

好人的第二个特点，是情绪化极端严重。

比如说瑞士的黛安娜，当她拿到老公出轨的证据，就立即陷入情绪之中，跑过去兴师问罪。可是证据在手，你还问个什么？对方承认，你如何处理？不承认，你又如何处理？

她根本不想这些事！

不愿意动脑子，那就必须为你的情绪买单！

（08）

我们在这世界上，每说句话，每做件事，都是有人生成本的。

——你的情绪，是需要付账的。

孩子的时候，我们的情绪由父母买单。纵然我们再不省心，父母只能打碎牙齿往肚里咽。自己生的孩子，含泪也要养大。

当我们长大，这笔账就得由自己来支付。

——爱你的人，或暂时愿为你的情绪买单。但如果情绪账单无休无止，对方心理余额迟早会花到透支，只能让你自己来付！

这就是黛安娜遇到的事，她向一个不爱她的人宣泄情绪，对方则要求他付账。而这笔账单就是法庭上的罚款！

（09）

当一个人性格极度自闭，而且极度情绪化，她就成为完美的猎物。

如连岳先生说，她会陷在坏人堆里。

——因为她根本不会再遇到好人！

就算两个好人相遇，可双方都在寻找一个替自己情绪付账的人。两个情感上的穷人碰到一起，稍遇点事两个人一起摔，一起砸，一起闹，最多半个小时就会分开。

然后各自去寻找替自己支付情绪账单的人。

可这沓账单太厚，费用太高。纵豪富之门，也退避三舍，不敢沾碰。

最终她们遇到的，只有坏人。

只有坏人，才会花言巧语，假装满足你这种极端幼稚的心态。等到你上钩，再对你实施心灵控制，用贬损摧毁你的自尊，用暴力毁灭你的人格，再利用你社交闭锁的缺陷，瓦解你的自我，让你陷入不断的被伤害中，再也走不出来。

而后对方慢条斯理，拿起刀叉开始品尝你这难得的美味。

（10）

你为什么是一个好人？

因为你不成熟！

（11）

好人坏人，是孩子时代的认知。

成年社会，只论成熟。

多看利弊，少论是非！

利弊是成年人的认知。以前有部电视剧，片中的慈禧太后，每次出场必唠叨一句不变的台词：

凡事有一利，必有一弊！

成年人的行为，就是于两难之中做出选择。

成人世界也不是没有是非。大多数成年人并不坏，至少他们爱惜羽毛，不去伤害那些心理成长严重滞后的人。但他们最多只能做到这步，再多就超出能力。毕竟谁家也养不起一个 300 斤的婴儿。

成年的稚嫩者，你必须求助于成长，才能保护自己。任何时候你期望保护，闻声而来的多半是坏人。

（12）

如连岳先生说，成为坏人是需要勇气的。

——这勇气，就是认识你自己！

好人只是拥有成年身体的幼童。身体鲜美，却没有相应的智力保护。就如同孩子捧着大块黄金走夜路。哪怕这世上只有一个坏人，他也会专门向你冲过来。

保护你自己，先要认识你自己。

习武之人，先扎马步。学练技击，先学挨揍。你露出来的破绽越少，受到的伤害也越小。当你毫无破绽，就已经无须再出手了。

好人有五大破绽：一是过于自闭；二是过于情绪化；三是凡事只论是非；四是过于美化现实，不知有利必有弊；五是拒绝成长，幻想有个救世主来包养自己。只要你还有这些破绽，就别怪坏人喜欢你。

一个人的性格，就是他的命运。除了偶发的小概率事件，我们受到的大多数伤害，都只是支付不成熟的代价。越是拒绝成熟，人生成本就越是高昂。除非你坦然接受成长，愿意保护自己鲜美的身体。这就是佛家所说的回头是岸，一念之间，你就会变得强大无匹。只有当你不再总是给自己或别人扣上道德帽子，走出好人坏人的婴孩认知，才能够做到这一点。

人生，要活得漂亮完整

（01）

今天读到一句极有价值的话：

——高中毕业时的人生差距，全靠家庭和父母。

——大学时期的人生差距，全靠高考时的分数。

——毕业开始时的人生差距，靠学校的牌子和名气。

——毕业 10 年而后的人生差距，全在于我们自己的追求！

这段话好，应该把它用小楷书写，贴于床头书案，时时警醒自己。

……然而，进入社会后的人生，到底应该追求些什么呢？

（02）

人生最重要的是方向。

方向对了，事半功倍。怕就怕方向错了，越是努力，距离幸福快乐的目标就越遥远，这样的人生，铁定是悲催的。

台湾作家林清玄，文字清新隽永，阅读时常会有种错觉，仿佛一位儒雅的书生正与你促膝谈心。

但林清玄幼年时生活特艰苦，没得吃也没得喝，而且周边全都是些没什么人生志向的庸俗者。

当林清玄开始尝试写作时，母亲非常关心，不时地翻看他写的东西。

有一天，母亲问他：孩子，你整天写呀写呀，是想写生活的苦难，还是写人生的快乐？

都写，苦难和快乐全都写。林清玄回答。

不对，母亲摇头：如果你想让人承认你的写作才华，最好多写人生的快乐美好，少写苦难。

可这是为什么呀？林清玄不明白。

母亲摇头：孩子，人艰不拆，别人的日子已经够憋屈的了，用不着你来提醒。人家阅读文字，是想从中看到美好，看到希望，看到信心，看到智慧和快乐。

呃，是这样啊！林清玄恍然大悟：那我以后多写快乐……

——有此一言，林清玄找对努力方向。从此文字广受欢迎，为他改变自己的命运扫清了障碍。

（03）

美国有个女孩，叫玛丽亚·威德尔。

这孩子好可怜，小时候父母离异，耽搁了她的读书，每天她要打理家务，还要帮母亲照料弟弟妹妹。

20岁时，她遇到了真命天子，一个气质不凡的英俊青年。玛丽亚陷入情网，不久成婚。

——万万没想到，玛丽亚眼瞎了，千挑万选找了个渣男，对方好吃懒做，而且嗜好家暴。每天痛打玛丽亚，逼迫她想办法挣钱给自己花。

玛丽亚做了时尚杂志编辑，辛苦打工，供家暴男花销。但对方变本加厉，越打越来情绪，渐渐地，玛丽亚感觉不对头了，再这样忍下去，自己说不定哪天会被渣男活活打死。

她逃家，坚持要求离婚——不惜净身出户，也要保住性命。

第一次婚姻，带给她的是空空行囊与遍体鳞伤。

第二次选择，她长了心，小心翼翼地观察对方人品，直到确信万无一失，这才与对方携手步入爱的殿堂。

进了婚姻殿堂，玛丽亚第一个想法，就是想抽死自己——真的是眼瞎呀，第二任丈夫，居然比第一任丈夫更恐怖！

（04）

玛丽亚的第二任丈夫，其实也蛮不赖——没打过她，也没骂过她，与她携手恩爱几十年，就在玛丽亚65岁那年，这才含笑而去。

丈夫死了，玛丽亚正准备悲伤——可是忽然之间，外边来了好多人，竟然都是来催债的。

值此玛丽亚恍然大悟，第二次婚姻其实是个骗局。男人娶她的目的，就是为了在外边疯狂借贷，欠下巨额债务，让她来偿还。

当时玛丽亚就惊呆了，自己都65岁了，一个老太太，没本事、没能力、没才华，还要替第二任丈夫归还巨债……

65岁的求职谋生路，这玩笑可开大了。可是没办法，谁让自己眼瞎呢？

玛丽亚硬着头皮去求职，这当然没任何希望，哪家公司也不缺妈，对着她的鼻尖重重地关上了门。

正自绝望之际，玛丽亚忽然注意到，求职路上总有些奇怪的人对她指指点点，还有人偷偷拍照。

有些大胆的小伙子，上前递名片：这位气质非凡的女士，您一定是非常出名的模特吧？可否告诉我你的名字？

名字？玛丽亚明白了：对了，由于自己连续婚姻失败，所嫁非人，为了排遣心里的苦伤，遂将精力多用于研究"美"，虽然年已65岁，但长时间专注学习，终培养出自己独特的美丽感受。这让她在年轻的女孩面前仍然毫不逊色。

值此玛丽亚恍然大悟：我爱美，我懂美，我追求美，我就是美……这岂不是现成的饭碗吗？为什么放着现成的饭碗不端，却和别人争短论长呢？

——进军影视界！

（05）

眨眼工夫，古稀年迈的玛丽亚，在好莱坞工作已经25年了。

这一年，她被评为纽约最美五十人之一。

——没人说她老。

她还鲜嫩，才刚刚90岁。

这一年的她，已经在多部大片中出演角色，美国最知名的杂志，排队恳求她上封面。那种不受岁月侵蚀的美丽，始终让她光彩夺目，多家时尚品、化妆品都以她为代言人。

她告诉女儿：

别把年龄太当回事！

生命的价值——在于你有信念与勇气，活得漂亮、完整！

（06）

玛丽亚的故事，听起来好独特。

好像不是人人都能做到的——其实不然！

日本也有个老奶奶……噢，应该说有个"少女"，她的人生经历，简直是美国玛丽亚的翻版，连细节都一模一样。

这个日本"少女"，起初是位白富美，家里很有钱的那种。但她的父亲是当地知名懒汉，最恨家里有钱，每天连吃带赌，恨不能一锤子把家底折腾光光——最终他成功了。

从此家境一落千丈，白富美沦落为贫家姑娘，每天不停地操持家务，累到半死。

20岁时，她嫁人结婚——从此陷入噩梦般的恐怖人生，家暴上瘾的丈夫，每天拿木屐啪啪啪往死里抽她。抽得妹子患上木屐恐惧症，一见鞋底就瑟瑟颤抖。

只想逃离这可怕的婚姻。

历尽艰难，终于成功离婚。从此妹子害怕婚姻，独身了13年。

13年后，一个勇敢的厨子向她发起攻势，最终攻陷了她心中坚固的城堡。

回忆这段婚姻，她说：

我丈夫真好。

赌博，酗酒，不务正业，也不给家里赚钱……真是完美好男人。

（07）

丈夫赌博、酗酒、不务正业，妹子居然说他是完美好男人……

莫非妹子神经了？

没有神经，虽然丈夫一无是处，但这个男人不殴打她。

——经历了第一次残酷婚姻，遇到个不揍自己的男人，妹子就心满意足了。

但这样的"好男人"，命短啊！

妹子60岁那年，不务正业的"好丈夫"去世，她又开始一个人的生活。

她很坚强、很勇敢，每天跳舞健身。

跳了30来年。

92岁那年，妹子跳舞扭伤了腰，躺在病床上想：哎呀，我这一生太平淡了，人生总应该有点追求吧？

追求什么呢？

92年的人生，吃尽了苦，历尽辛酸，最难舍弃的还是生命之美。

那就把这种美，写出来如何？

（08）

日本的报刊开始接到一个署名柴田丰的"美少女"投稿，诗句轻灵、幽默，充盈着对生活的爱，洋溢着生命之美。

诗句刊出后，立即被电台抄袭引用。一时间，"美少女诗人"柴田丰之名，在日本家喻户晓。

许多人都想见见她，见见这位热爱生命、灵慧妙思的"美少女"。

电视台来了，然后惊呆了。

——"美少女"柴田丰，就是那位92岁的老奶奶。

经历了人性的冷寒，才会更加热爱生命。

经历了人生苦难，却用美妙诗句治愈了无数人的心理伤痛。

（09）

美国奶奶玛丽亚，与日本奶奶柴田丰，都曾说过类似的话：

——太开心了，就没在意自己的年龄。

她们的人生并无丝毫励志可言。

——只是正常！

——有多少人陷入颓迷心境，把自己的人生弄到偏离常态？

总听有人说：生活太艰难了。然而生活就是这样，我们心中的美丽，犹如种子，深埋于大地，总是要承受泥土的高压，才盛开绚丽之花。千万不要把成长视为痛苦或不幸，坦然面对，自然接受，才不会失去对美的挚爱。

总会有人说：太晚了，来不及了……其实任何时候都不晚，20岁时，站在楼下看风景，30岁站在楼上看风景。40岁站在山顶看风景，50岁带着睿智看风景，80岁以优雅恬淡心境看风景——人生所做的一切，不过是看到心中最美的风景。

（10）

让玛丽亚与柴田丰的生命，绽放光华的是她们对美丽的执着。

一切为了生命的美好。

一切为了更美丽的心。

——新生代说，人生虐我一千遍，我待人生如初恋，说的就是这个。

——人生不过是一个经历过程，许多时候我们所谓的悲苦，不过是正常的成长，正常的人生责任与行进。但如果我们不喜欢自己，不喜欢生活本身，那我们所遭遇的一切，就成为生命不堪承受之重。

走出困境之心，莫过于寻求生活中的美。

王阳明曾与友人出游，见岩间花树，先生说：看这花树之美，姹紫嫣红。但如果你内心匮乏，看不到美，这美丽在你眼里顿显黯淡灰败。直到当你的心觉醒，美丽涌现，这岩间花树，才会与你的心一同明艳，光照天地。

苏东坡说：谁道人生无再少？门前流水尚能西，休将白发唱黄鸡。这诗句，不是豁达，而是写实。苏轼把人生视为一个持续过程，没人规定只有少年才可以奋斗努力，更没人规定蹉跎青春而后，就不可以发愤再起了。道理都明白，只是乏倦的心，让我们陷入颓迷，年纪轻轻却老气横秋，满目苍凉灰败，强壮的身体弥漫着浓烈的死气——别再这样残忍地戕害自己了！对自己好一点，永远保持一颗柔软的心，阅读、行走、交谈、思考，愿你走出半生，归来仍是少年。这祝愿原本是你心灵深处的呼唤，只要我们执着于对美的追求，不放弃对生命的热爱，就会时时刻刻与美丽的辰光相逢。

摆脱低效智商运行的困扰

（01）

设若你手中拿着柄削铁如泥的宝剑，站在人生擂台之上。

宝剑虽利，奈何你从未习练过武术，拎切菜刀都不利索。这时候跳上来一群武林高手，有的空拳，有的赤脚，围着你滴溜溜地打转。他们虽然没有神兵利器，却久经沙场，善于抓住你的弱点和利用他们自己的长处。

你认为这场人生对决，谁会输？谁又会赢？

（02）

设若有这么个人，他从未研究过自己的思维，对自己一无所知。他的智商或高达120，但是他从未学习过如何有效地运用自己的智商，平时的表现，不过是智商70的状态而已。

当他进入社会时，他的同事或朋友们，虽然正常智商只不过是70，但他们有的年老成精，有的运用得法，日常表现的发挥，能够达到智商120的效果。

那么，这个人和他的同事朋友们相比，谁更快乐？谁又是终日郁闷？

（03）

按王阳明先生的心学理论，每个人的智商其实都不低，都不会低于
120——阳明先生曰：每个人都可以像古之圣者尧舜那么聪明。就算达不到这个
状态，也应该相差无几。

但，这世上的绝大多数人，并没有学会运用或正常发挥自己的智商，犹如
空有神兵利刃的庸手。结果是明明拥有120的智商，但只发挥到70、80，甚至
更低。这样的人生，智商转化率过低，无异于抱着金碗讨饭，揣着大额存折捡
剩饭，始终活在一种怀疑自己智商，极度缺乏自信的状态中。

秦朝末年，韩国旧公子张良，为报始皇帝灭国之仇，募力士于博浪沙重锤
以击，误中副车。此后张良逃亡，途中遇异人黄石公，授兵符秘法。但这兵法，
张良背得熟透烂炖，偏偏就是不会应用。他每天遇到人就与之交谈，但没人听
得懂他瞎嘀咕个什么，都以为这孩子神经了。直到碰到刘邦，当他说起兵法时，
刘邦随声应和，张良惊奇不已，从此追随刘邦。

张良学到了兵法，却不懂得应用。如果不是遇到刘邦，他这兵法等于白学。

而刘邦就是那个善于应用的人，能够盘活张良脑壳中那些不良资产，让自
己成就帝王之业。所以孔子曰：学而时习之，不亦乐乎。这里的"习"字，不
是现代人偏狭理解的复习，而是在实践中应用。

学到手就能应用得上，这当然是很快乐的。

当然，张良学到的兵法，还有个庞大现实资源的残酷调用问题。但是，应
用比掌握更重要，这应该不会有异议。

你掌握三分、应用五分，胜过掌握十分、应用不到一分的人。

（04）

阳明先生曰：许多人的问题不是智商不够用，而是智商不会用。

会用与不会用，这差距太大了。诸如众所周知的田忌赛马，就是个最典型的例证：

田忌与齐王赛马，马分上中下三等。田忌这边的每一等马，都比齐王那边的同等马差一点点。让田忌自己来摆布，以自家上等马对齐王的上等马，中等马对齐王的中等马，下等马对齐王的下等马，他就要连输3场，输给齐王3000两黄金。

可是兵法家孙膑来到，他献计改为以自家上等马，对齐王的中等马。以自家中等马，对齐王的下等马。以自家的下等马，对齐王的上等马。这样一来，马还是那些马，但战局从连输3场，就成了输1场赢2场。从输掉3000两黄金，变成了赢1000两黄金。

智商不过是你脑子里的跑马，同等质量或同等剂量的智商，摆弄明白了，你就能赚个盆满钵满。摆弄不明白，输到裤头都没得剩。比田忌赛马更典型的，莫过于学堂读书，同班同桌同样的知识汲取量，却分出学霸与学渣，区别就在于会用不会用。

历史上，高智商者被智商不如自己的人挫败，并不罕见，甚至是个常态。

（05）

三国时，最能打的无疑是吕布。而智商最高的，却不是曹操刘备这些盖世枭雄，而是一个叫娄圭的人。

娄圭这个人，他在史书中出场只有三次，但每次都把人吓一跳。

娄圭，字子伯，曹操少年时期的好朋友，和曹操一块玩着长大。娄圭少有大志，经常说：这个做人呢，就应该风风光光，所到之处随从如云，家里还有多多的美女，你们说是不是？

他第一次出场，就是少年时期，因为放走了朝廷钦犯，而被抓进死牢，准备杀头。但他破笼而出，冲出监狱。捕吏们打着灯笼火把，呐喊着展开暗夜追杀。可是追来杀去，那娄圭好似消失在黑暗之中，连人影都不见了。捕吏们怅然若失，打着哈欠收队，认瘪不追了。

就在捕吏回去的路上，最后面的一个捕吏悄悄掉了队，脱下捕吏的衣服，原来他就是娄圭，竟然在被追捕之时，乔装成捕吏，鱼目混珠、隐形匿迹，捕吏们当然抓他不到。这样的智谋，若非胆大心细，反应敏捷之人，是做不到的。

娄圭第二次出场，是他跟随老伙计曹操南征，途中忽报荆州刘表死了，其子刘琮请求投降。当时诸谋臣与将领全都认为这肯定是诈降，这世上怎么会有比天上掉馅饼更美的事？

但娄圭力非众议，认为刘琮必然是真正投降。理由是刘琮面临着盘踞在新野的刘备强横势力的威胁，若想保得性命，唯有投降曹操一途。

曹操信之，疾取荆州，证实了娄圭的判断。

这一次，娄圭显露了他非凡的时局研判能力，终于引起了曹操的忌惮。此后娄圭刻意低调，避免让曹操因嫉恨而起杀心。

但低调也不成，他既然在曹操的团队里吃饭，关键时候总得露一手才有业绩。到了曹操北征马超，曹军抢占了渭水南岸，却不料南岸地面全都是松软的沙子，根本无法安营扎寨，再加上马超的重甲骑兵轮番冲撞，让曹操束手无策。

兵陷绝地，这时候大家就全都指望娄圭了，他没办法再低调下去，只好说：这事容易，只要趁夜晚天寒，以水浇沙，筑构冰城，就安然无虞了。

曹操依计而行，趁夜寒时用水浇沙，当晚筑成一座华丽的大冰城，惊得马超连声惊呼：曹操那边定有神人相助。把历史改写成小说的罗贯中，也被娄圭的智略钦佩得五体投地，索性一咬牙一闭眼，在《三国演义》里把娄圭写成了羽衣高冠、不食人间烟火的世外高人。

曹操曾悲哀地叹息说：娄子伯的谋略，甩我八条街。

娄圭三次出手，显露出来的才略都不在曹操、刘备这些枭雄之下。至于灵活机变的临场反应，更胜曹操、刘备一筹。到了这地步，曹操已视娄圭为心腹之患，非杀他不可了，不久就随便捏了个罪名，杀掉了娄圭。

（06）

老话说功高震主，皇权时代，谋臣或武将一旦威胁到皇权利益，就会被冤杀，这是常事。但娄圭与别人不同，他和曹操、刘备等人一样，居于一个分崩离析的大时代。这个时代的特点是皇纲失坠、各自为政。曹操比刘备年长几岁，又是靠了家资起兵，所以能够在这个比拼智商的特定时代抢跑领先。

娄圭比刘备年纪大，起跑在先，而且他的能力不在刘备之下。可是刘备跑来跑去，跑到了西川，捞了块地皮，从此形成强横势力。而娄圭却忙来跑去，跑到晚年还是没有形成自己的势力，沦为曹操手下，徒然拥有高到吓人的智商，却连自己的性命都无法保全。

曹操刘备这些枭雄，被誉为有雄才大略之人。但这个雄才，不过是用兵之才，比拼兵法曹操和刘备是平手，娄圭应该比他们两个略强一点点。

至于大略，不过是匡定自家地盘的方略，但这3个人全都是零分。曹操的方略是抄袭了袁绍，他打败袁绍而后因袭了袁绍的方略。刘备的方略则是诸葛亮义务策划的。若曹操未能击败袁绍，刘备不遇孔明，他们两个就是娄圭二号和娄圭三号。

由此计算三人的智力商数，曹操和刘备应该是130，而娄圭略高那么一点点，大概可以达到135吧。

但曹操和刘备，算是超水准发挥，把自家智商发挥到了150左右。而娄圭却不知怎么搞的，他的智商发挥极不稳定，尤以战马超筑冰城之例，智商发挥到了160，但他这辈子的平均智商发挥，总水平却未能高过100。

其实，这世上的绝大多数人都像娄圭这样，平时不显山不露水，稍不留神就来个超水平发挥——实际上那不过是正常水平而已。但当人们对他充满期待时，他又陷入了智商不够用的恶性循环，经常性脑抽做出些没名堂的事情，一生的成就最多不过是混日子而已。

按阳明先生的说法，娄圭这种情形，就是典型的智商不会用。他就像我们举的例子一样，空拎着神兵利器登上人生擂台，却被兵器差他很远的对手打得形神俱灭、江湖除名。

（07）

你马上会看出这里边有个循环性 BUG——这里说的摆布智商，也是要用智商来摆布的，用智商来摆布智商，这岂不是想提着自己的头发把自己拎到半空？

但阳明先生曰：你行，你可以。

这个方法，你已经听得腻到不能再腻了。

真正学有所成的人，是让这个世界适应你

（01）

读书时我最恨最恨的就是鸡汤狗。

每当有名家来学校讲座，学生们就会问他们一些非常明确的问题。

可是鸡汤狗们顾左右而言他，含含糊糊，支支吾吾总是给你一个极不明确的回答。

我是极愤怒的——鸡汤狗，说句人话会死吗？

但等我毕业几年，不无惊恐地发现，我自己也堕落成鸡汤狗了。遇到年轻学弟学妹的问题，回答总是支支吾吾，东拉西扯，离题万里，言不及义——我终于发现，学生时代所谓明确问题，恰恰是对这世界一无所知的书生蠢萌。

那么，现实世界和我们学校授业，到底有什么区别呢？

（02）

学校教育，最大的特点是明确的——有公式、有定义、有标准答案，还有各式各样的提分攻略。

现实世界是晦涩的——没有公式，不能定义，因人而异，别人的蜜糖到你

这儿就成毒药了。

学校教育之所以明确化，一来老师所教，学生所学，都是过时的东西——举个例子，你打开历史课本，一看到刘邦这个名字，就会哇地叫出声来，汉高祖耶，萌萌哒。你在课本里不会选择项羽，因为你早就知道他会输掉。

但在现实中，你不知道哪个是汉高祖，不知道谁是项羽。正如雷军所遇到的，曾有个巨丑年轻人找他忽悠投资，雷军果断拒绝，这人明显是骗子啊，说话满嘴跑火车——可没过几天，你郁闷地发现这个满嘴跑火车的家伙，赫赫然竟是马云——这样的事，在课本里绝对不会发生。

读书破万卷，下笔成考神的年轻人，本能地有着把书本中的确定性，搬到现实中的冲动。

然而，真的搬不过来！

——正因为世界是不确定的，我们每个人，都有着无限种可能。为什么你那么急于给自己设限，堵死自己无限可能之路呢？

（03）

如何从书本的确定性中走出，面对一个不确定的世界，并获得无限可能？

送你七句话：

第一句：忘记你在学校里学过的一切，剩下来的才是最有价值的。

金庸先生的小说《倚天屠龙记》中有个细节，外敌入侵武当山，风雨飘摇之际，男主角张无忌挺身而出，现场跟武当鼻祖张三丰学习太极，学了之后开始消化吸收。少顷，张三丰问他：孩儿，吸收得怎么样了？

张无忌答：忘了三分之一。

哎呀妈，这孩子忘性太大，张老师你赶紧再给他讲一遍。

那就再讲一遍吧。于是张三丰再开讲，这一讲大家全炸了——张三丰第二次讲的，跟第一次讲的完全不一样。

坑爹呀，讲完了第二遍，张无忌已经忘记了三分之二。

然后张三丰再讲第三遍——跟前两次又不一样。

终于，张无忌把学到的，全忘光啦。

把知识忘光的张无忌，突然发出一声长号：打死你……就见他神功大进，兔起鹘落，冲过去啪啪啪把入侵武当的外敌统统打趴下了。

金庸编这么个怪故事，想说什么呢？

——知识是没有价值的，都是古人类为解决他们自己的问题，创造出来的应急方案。时代过去了，知识就过时了。

——有价值的，是产生出知识的原理。知识好比别人下过的棋谱，而原理是渗透你身心的棋道。嚼别人的馒，走别人的路，你会输到连裤头都没得有。所有的棋手都是在掌握基本原理下，现场博弈见招拆招。你在学校里学到的知识，考出来的分数，都帮不了你。能够帮助你人生的，是智力活动的习惯、是思考与判断的综合力！

（04）

第二句：人能够做他想做的，但不能要他所想要的。

这句话，是叔本华说的——萧伯纳，还有其他一些名人，都曾说过类似的话。

这句话的意思是说，世界由确定性和不确定性，媾和而成。能够确定的是你自己，不能确定的是别人。能够确定的是规律，不能确定的是人性。

——你可以选择，让自己成为什么样的人。成为一个豁达的或是小肚鸡肠的，成为一个优秀的或是不堪的，成为一个进取的或是颓废的，成为一个前行者或是怨天尤人的抱怨者。

选择前者，成为一个豁达的、优秀的、进取的前行者，就会以你这种确定性的选择，接受一种不确定的社会博弈，带来巨大不确定性的结果。

选择后者，成为一个小肚鸡肠的、不堪的、颓废的抱怨者，就会发现一切都如你所愿地确定化了——只不过，生活的不如意，让选择者陷入更大的委屈之中，只因为你失去了自己，失去了更好可能。

（05）

第三句：你需要的是摆脱现实的奴役，而非适应现实。

这是西塞罗的名句，此前周国平老师，在他的文章中有引用。

最近朋友圈里流传一个段子，说是个大学生，抱怨学区房太贵，学历不值钱而学区房值钱，诸如此类。于是一个老人曰：我是个老工人，家住北京，拆迁得到了几套房。可是我想说，你是一个大学生，如果你读书的目的，只是想在北京买套房子，这好像什么地方不对。

什么地方不对呢？

——大学之道，在明明德。啥叫明明德呢？古人将最高的智慧称为道。而德是对最高智慧的认知与应用。大学大学，就是大不了自己学的意思。为什么要自己学？虽然师者传道授业解惑，但老师传来授去，不过是一点知识皮毛。而要获得渗透到身心的原理，这要靠每个人自己琢磨。

你应该掌握的东西，要比学区房更有价值。

——可最终，那么有价值的东西落到你手里，被你给弄贬值了。就是因为你把自己弄成了猪队友，再有价值的东西和你站在一起，都会受你拖累跳水跌停。

——真正学有所成的人，是让这个世界适应你，而非相反。

（06）

第四句：做自己性格的主人，而非让自己成为性格的奴隶。

所谓性格，不过是我们成长过程的习性积累。而这种积累，受晦涩人性影响，注定是残缺的。

有人心怀恐惧，遇事逃避。有人唠叨抱怨，视人生为对自己的迫害。还有人动辄暴怒，老虎笼子都敢钻，把自己的人生弄成一团糟。

恐惧、抱怨以及愤怒，外加其他各式各样的小情绪，让我们的心，如水中浮萍，飘来荡去没个着落。纵然所谓愚者，也能够把道理说得头头是道——但就是无法克制心中的消极怠惰！

比掌握知识更重要的，是掌握原理。

比掌握原理更重要的，是掌握自己。

（07）

第五句：一生所学，不过是懂得与自我和解。

——千万不要和自己较劲。所有晦气的人生，无不是陷入痛苦的纠结之中，明明知道什么是对的，可就是不想让自己痛快。人心里有对自己的怨，有对自身存在的不认可，所以佛家说回头是岸，就是希望大家别再跟自己闹了。

——千万不要和别人较劲。对人性的认知，是天然的，犹如鱼在水中，不问自知。但偏偏有些人非要和人性抬杠，要求别人对自己做出违反基本人性的表现。别人顺着人性走，他就满地打滚抵死不依。

——千万不要和规律较劲。长大了，就要自己走路，自己吃饭，却仍然趴在地上不肯挪窝，愤愤不平地要求别人抱着走。抱不动你，你就委屈得泪飞顿作倾盆雨，洒向人间都是怨。多数委屈都是假想，是情绪滋生的心理幻影。我们需要与自己和解，摆脱心理幻影的操控。

读书明理——需要明白的，就是这么个简单道理。

（08）

第六句：人类所犯的所有错误，都是因为失去耐心。

这句话，是卡夫卡说的。

为什么要耐心？因为所有的事情，都有其固定的规律周期。人生的成长，事业的进程，都如一粒种子，先得雨水滋润，破土发芽，先长成小树苗，经年累月，渐成合抱。有些人暴脾气，见到粒种子就急切的要栋梁。不能等，不肯等，焦灼之心日盛，终致成为一个愤世嫉俗者，看什么都不顺眼。如果不肯让自己的心静下来，短线吃饭，长线植业，就会于积愤幽怨之中，失去自己的人生。

（09）

最后一句话：人生只有一个课题，那就是成长！

成长是一生的事，小孩子知道自己会成长，所以他们始终拥有未来。而当我们长大，知道还有一个更好的自己，在不远处等待着我们。那么我们就知道自己仍然未臻完美，所坚持的未必是正确的，所信守的也许不是那么靠谱。这时候我们就不会那么固执，非要把自己的观念强加于人。更不会年纪轻轻就满脸暮气，不会在人生还未开始，就准备退场。而是始终保持快乐之心，对这世界充满无尽的好奇——相信我吧，我们所看到、所认知的世界，只是整个世界微不足道的一小部分，总会有意外的惊喜在前面，总有新的变局赋予你更多的选择。

（10）

世界是晦涩的、一切都是不确定的。

——无论你在什么位置，仍然有着无限的可能。

——千万不要把自己局限死！

忘记你在学校里学过的一切，剩下来的，才是最有价值的。人能够做他想做的，但不能要他想要的。你需要的是摆脱现实的奴役，而非适应现实。做自己性格的主人，而非让自己成为性格的奴隶。一生所学，不过是懂得与自我和解。人类所犯的所有错误，都是因为失去耐心。切记人生只有一个课题，那就是成长！

做一个有主见的人。但要知道，所有的主见，都有一个适用领域。边界之内是真理，边界之外是谬误。价值性认知永远是开放的，能够将你学到的一切融会贯通。无论你视野多广，格局多大，所知道的永远是局部。所有的知识，都是低值易耗品，唯原理能够以简御繁，唯智慧能够应用自如。不识庐山真面目，只缘身在此山中，学院知识，只是一个小小的开始。人的一生都在渐行渐高，不断地颠覆自己，提升自己，直至你走到智慧的高处，一览天地众山小，俯瞰人世烟云重。这时候你的心才会放开，再不拘泥，再不苟且，再不急切，再不焦躁，再不纠结，再也不为浮光幻影的情绪所影响。这时候你才会知道，生命是朵美丽的花，只需要静谧的心，持续的劳作，于夜雨柔风之中，聆听那花瓣悄然绽开的激颤。此时的快感，悠然心会，妙处难与君说。

谁的成长不是惊心动魄、险死还生

（01）

华东师大的心理学教授陈默，最近有个讲话，值得我们琢磨。

——为方便琢磨，我们把陈教授讲的几个故事，重新组织一下。

第一个故事，陈教授说，有个高中生告诉他，学校请了个老军人，来给孩子们忆苦思甜。老军人说：我们战争年代如此艰苦，而你们这些熊孩子，到现在满脑子资产阶级思想，天天想着穿名牌，真是太不像话了。

于是那个熊孩子高中生，弱弱地问道：老爷爷，你们当年把自己搞那么艰苦，是为了什么呀？

不就是让今天的我们，穿上名牌吗？

你看这熊孩子，这是怎么跟大人说话呢……陈教授说这个事，意思是说，人心散了，队伍不好带了。

新一代的年轻人，跟以前不一样了。

（02）

陈教授说，孩子变得不一样，始发于 1993 年。

——那一年，中国取消了粮票，从此不缺吃穿了。

从那以后及当时出生的孩子，就好比老鼠掉进米缸里——心理压力，大到无以复加。

为啥不缺吃不缺穿，孩子的心理压力反倒大呢？

孩子们闲余时间多了，开始思考人生，偏偏正处于蠢萌的节骨眼上，不思考还好。这一思考，就犯糊涂了。

正糊涂着，家长们迅速赶来添乱，把自己当年没实现的愿望，"咣叽"一声，砸孩子脑壳上了。

陈教授说，好多高中生，心理压力那叫一个大，整天忧心忡忡板张后娘脸，疯了一样不停地玩手机。见到他们，陈教授只需要一句话，就让这些熊孩子们哭到泪奔。

陈教授说：孩子，你可能考不上你理想中的大学，然后你会觉得你对不起你的家长，因为他们对你太好了，是不是？

听到这句话，孩子们泪飞顿作倾盆雨，洒向校园全是怨。

不是孩子不努力，而是好孩子太多，可好学校却太少。凭什么你家孩子就要念最好的大学？这艰难处境，把孩子们逼得烟熏火燎、走投无路。

（03）

陈教授说，现在的孩子是老鼠，被弄进了第三只笼子。

这里说的是个实验，把老鼠关进第一只笼子，笼子里有只小踏板，老鼠一踩，就会有食物出来，老鼠大喜，就会狂踩不休。

再把老鼠弄进第二只笼子，也有只小脚踏板，老鼠一踩，哎哟俺那个娘亲，这脚踏板一踩，就会电到，电得老鼠不要不要的，从此再也不碰脚踏板。

——再把老鼠弄进第三只笼子，里边还有只脚踏板，踩一下有可能哗地掉下来好多食物，但也有可能只是挨到电击。

想想第三只笼子里的老鼠，感觉会怎么样？

——感觉快要疯掉！

陈教授说：现在的孩子，家长们视若珍宝，不停地给食物——希望孩子优秀再优秀，却不肯培养孩子们优秀的品质，只是一味地知识灌输，这就给了孩子巨大的压力，就好比电击，孩子们真的吃不消。

（04）

过高期望，强大压力，导致吃不消的孩子们，会怎么样呢？

陈教授说——因此孩子们的现实感，非常的弱。

什么叫现实感非常弱呢？

陈教授举了个例子。

说两个孩子，都玩电子游戏，越玩越友好，玩到激情四射。

于是俩孩子决定线下见面。

见面了，俩孩子你看着我，我看着你，看看对方，再看看手机……居然找不到一句话来说，最后两人相互转半天眼睛，不约而同地说：我们还是回到网上去聊吧。

……看把这孩子给糟蹋的，如陈教授所说，孩子们在虚拟空间里，有超强的现实感。而在现实世界，却格格不入，有种超强的虚拟感。

（05）

现实中，我也经常遇到些家长，对我讲述孩子们的种种奇怪举动，央求解决办法。

有时候，我会给家长们讲这么个故事。

说，两名男中学老师，各自带着自己班的学生们去郊游踏青，亲近大自然。

在郊外小河边，男生们挽起裤腿，蜂拥跳进小河，扑进水里挖泥鳅。

女生们却已经发育成熟，一个个挺着胸脯，无意识地在两个男老师面前走来走去秀身段。

其中一个男老师看了，感慨说：哎呀，你看看，现在的小男生福利真好。那啥，咱们上学时，女生发育得可没这么好。

另一名男老师笑道：错，你那时女生发育得也挺好。只不过，当时的你正趴在河里挖泥鳅呢！

讲这个故事，意思是说，孩子们的心理成熟是有周期、有规律的。

而有些家长会忘掉自己成长的历程——如果家长能够记得这些，就会知道青春期的孩子面临着多么大的心理危机，学业和所面对的人生，又让孩子承受着多么大的压力。

——每个人的青春成长，就是惊心动魄、险死生还的。

忘掉了这些就意味着背叛！

——意味着，丧失了引导孩子、教育孩子的能力。

（06）

那么，我们现在到底应该如何来引导孩子呢？

第一个，一定要知道，人的心理世界，比之于现实世界，更危险、更混乱、更充满了可怕的不测之险。

现实世界，有强制性规则在约束，机动车乖乖地在公路上滚动，不可以突然离开公路，冲进你家里肆意辗压。

但在我们的心理世界里，却没有这些规矩。

许多可怕的东西，会突然之间冲入你的心灵，在你心里横冲直撞，把你的心，弄到支离破碎狼藉一片。

——这里说的，是孩子们感受到强大心理压力时，所产生的退缩意识。

人生就好比一场足球赛事，每个人都在奔跑。但有些孩子，不懂赛事规则，不明方法要领，拼命跑了几圈，再被裁判吹个黑哨什么的，就会感觉好绝望，好悲愤，抑郁之心无以舒展，就有可能气愤离场——不玩了。

从此任你家长耳提面命，任你老师苦口婆心，我自岿然不动。我就这样行不行？我不想要什么伟大的目标，不想要什么激情人生，我就随大溜混日子，混得下去就混，混不下去你有本事咬我呀？

——颓废之心起处，教育就走向了它的反面。

（07）

每个人的成长，都面临着四大陷阱：

少年颓废、青年消沉、中年抑郁与老年时的意志力崩溃。

人生犹如一辆驶往幸福家园的脚踏车，这四个陷阱只要栽进去一个，就会泥陷其中。从此沉沦于自己的心灵底层，陷入绝望与重重压力之中，再也难以纾解。

青春期最大的危险是颓废之心，而家长如果不明此理，或者自己原本也患有颓废消沉加抑郁，那就有难度了。

——需要一个好的方法论，迅速地冲过这些危险心理区域。

（08）

为父母者，真心应该感谢孩子。

——正因为有了孩子，所以我们才会更迫切地需要认识自己、教育自己，完成从蠢萌父母向睿智父母的转型。

为父母者，一定要对孩子讲清楚这样一个道理：

所有幸福快乐、成就事业的人，都是和我们一样的普通人，甚至在许多方面，还不如我们。

但是他们没有浪费自己的特质。

——所谓智商、所谓情商、所谓天资、所谓天赋，这些都没什么意义。

有意义的，是你学会运用这些。

假如郭敬明不会运用自己的特质，就有可能去和姚明打篮球，而且他还会不停地喝鸡汤打鸡血激励自己，努力一定会成功，一定会打败呢……可能有些人真的希望看到这场景，但实际上，许多人确实犯了这样的错误。

目标第一，方法第二，第三才轮到努力。

而目标，它一定是合乎我们自身的，根据我们自己的特性，量身定制的。

于是问题转入下一个，如何找到适合于自己的人生小目标？

（09）

围绕着人生目标的选择，大概要经过这么三个流程：兴趣、能力与努力。

先说兴趣，孩子们的兴趣最广泛，呈无限展开式，见到什么都要问一句。但这些询问并没有深度可言。

可取的人生实践是兴趣面不变，而且呈进一步拓宽趋势的同时，发现自己的能力。

——就是自己能够做好，比别人做得更好的领域。

比如以前英国有个叫哈代的帅哥，他最痛恨数学，感觉数学不如妹子好玩。可是他偏偏在这方面有天赋，这就构成了他的能力圈。再稍微努点力，在能力圈里往深度上挖一挖，就成为著名的数学家。

还有个维根特斯坦，这厮心智不成熟，精神游移不定。做什么都不上心思。可他找到了自己在哲学方面的长处，从此一面浑浑噩噩，一面用哲学挤兑别人。

大多数人生正是这个样子的。自己喜欢的，未必就能成为自己的职业。而能够成为职业的，必然是自己更擅长的事情。

不可以一朝风月，而昧却万古长风，不可以万古长风，而昧却一朝风月。兴趣与职业，能合并就在深度上拓展，不能合并就在广度上联合。最要不得的是在这二者之间磨磨叽叽，既憎恨自己的工作学习，又没时间玩自己喜欢的，这种人生就有点跟自己过不去了。

（10）

第三个问题，父母和孩子一定要明白，幸福或痛苦，不过是每个人的主观感受。只要你找对了办法，就能够让自己的人生，变得鲜活有趣起来。

总有些人做奇怪的事，这些事在别人眼里毫无意义。

可是他们自己喜欢。

比如说，有些人不喜欢读书，但在网络社区里却非常活跃。这说明什么？这说明他们不是不喜欢阅读，只是不得其法，找不到自己喜欢的而已。如果他的小伙伴们经常谈论某本书，他也会找来一本看看——父母对孩子的引导，也是如此，必须先要让自己的生命，鲜活灵动起来，才有可能帮助孩子冲过心理颓废区。

再比如说，写作让许多人痛苦万分，但这只是我们的写作课出了问题，动辄就长篇大论逼得读者快要疯掉。你可以尝试每天写一句或只写一行，一年下来就近一本书的累积量。

再比如说你在工作中体验不到乐趣，但如果你意识到，人生的大部分事情，诸如洗脸刷牙穿脱衣服，都只是你人生的一部分而非全部，只是你人生的一个阶段而非总长度。出门和妹子约会时，你不会因为穿上还要脱掉的衣服而痛苦，又为何片面强调工作所带给你的不快感受？

人生就是这样，跌入颓废陷阱之人，莫不是片面夸大问题的心理侧面。

现在我们知道了方法，就可以从拓展人生兴趣面开始，慢慢找到自己的能力圈，先定一个小目标，让自己于能力圈中，强大而优秀起来。于是目标有了，方法有了，努力已是题中应有之义。

然后于自己的努力所带来的改变中，获取快感。于广泛的兴趣面，获得充实感与现实感。你会发现自己的心理舒适区在不断地扩大，事业根基越夯越扎实。

这时候再回顾此前的迷茫、困惑与强烈的非现实感，才会猛然意识到——所有人都是这样走过来的，一如我们在婴儿时代，面临第一次走路时是多么的恐惧，而当我们于跌倒中爬起，获得走路能力之时，内心所涌出的狂喜，瞬间淹没了此前的所有鸡毛蒜皮！

你的格局之内，不能少了对人性的洞察

人性有两种，你是哪一种

（01）

认识的人越多，就越喜欢狗。

这是句流传了 200 多年的金句。

还有句格言也不赖：

——人和人之间的差距，比人和狗之间的距离还要大！

两句叠加在一起，你就会发现，人性很可能有两种，如一条道上反向飙奔的车。我们总是对反向远去的人震惊困惑，目送他们与我们渐行渐远——而你养大的狗狗，始终与你不离不弃。所以你引狗为知己，却无法理解远去的人。

（02）

有个大学生，网上控诉他的际遇。

有天夜里，他匆忙返校。学校周边正在修路，马路挖得沟坎纵横。

有个卖烤红薯的大叔，推着小三轮，眼看着前面的土坡就是上不去，累到牛一样喘。

大学生看不下去啦，立即跑过去帮助推车。

两人用力，三轮车爬过了泥坡。然后大叔停下来，回头看着大学生：孩子，车上还有 3 块红薯，归你啦。

……这怎么好意思。大学生喜出望外：不要问我是谁，我的名字叫雷锋……他高兴地抓起红薯，一边吃，一边回头往校门方向走。

哎，大叔叫住他：钱呢？不给钱就拿走，你以为你是大学生就可以明抢吗？

明抢！大学生这才醒过神来：你这红薯还要钱？

多新鲜哪！我又不是你爹，不要钱还白送？

唉，大学生好晦气，本以为大叔是感激自己帮忙，送红薯给自己。岂料人家……算了，多少钱？

一块 10 块，3 块红薯 30 元。

大学生急了：你你你……你这红薯，论秤也不过每块 5 块钱……

大叔一句话怼回来：我就卖 10 块，吃不起你给我吐出来。

你，我好心好意帮你忙，你却趁机讹诈我！当时大学生的心，宛如寒冰一样凉。

雪花那个飘，行善要挨刀。

从此不相信人性。

（03）

还有个大学生，家在乡村。

门前有块地，不大。地界有顶高高的橡棚，是邻家用来放杂物的。

橡棚顶部倾斜，逢雨天哗哗淌水，遇晴天不见阳光，导致门前这块地硬化板结，没法种植。

大学生的父母就去找邻家协商：可不可以把橡棚拆掉？那么高的一座建筑，晴天遮阳、雨天淌水，我们家那块地种不成了。

种不成跟我们有什么关系？邻家鼻孔朝天，一口怼了回来：我家的椽棚，想拆就拆，不想拆就加高，不服你去死。

你们……大学生父母都是老实人，气得话也说不出，无奈回来。

就这样过了两年，邻家的椽棚不动如山。大学生一家毫无办法。

两年后的一天夜里，邻家突然在半夜砸门，大学生的父母急忙起床问，才知道邻家的成年男人都在城里打工，家里只有老人。可是老头儿半夜突发急病，眼看要死掉，老太太吓得嗷嗷尖叫，顾不上两家有嫌隙，半夜砸门求救。

当时大学生的父亲想也不想，骑上家里的三轮摩托，星夜把邻家老头儿送到医院。幸亏送得及时，老头儿一条命抢救了回来。

几天后，大学生父母出门，忽然感觉什么地方好像不对。左看右看，才发现邻家的椽棚已彻底拆除，地面也收拾得干干净净。

父母把这件事讲给孩子听，感慨道：人心都是肉长的，人心换人心啊！

（04）

人心换人心，这是人性。

好心当作驴肝肺，也是人性。

人性有两种，就看你遇到的是哪种人。

（05）

人性有两种：

一种是遇到问题，寻求解决方案，这叫"合作型人生"。

还有一种是遇到困境，归咎于别人，这叫"对抗型人生"。

（06）

合作人与对抗人，遇事时的反应是截然相反的。

假如说，你闲得骚包，突发神经，每个月给对抗型人一大笔钱，而且月月都给。对抗人先是诧异、惶惑，而后习以为常。慢慢地，他习惯了，视为理所当然了，然后突然间你停止了馈赠，或是减少了馈赠数量，他就会勃然大怒，认为你贪污了他的钱，甚至会登门兴师问罪。

——但如果，你把这笔钱给合作型人，他们一样诧异困惑，不明白你何以如此烧包。尽管他们始终不会习以为常，但为了确保你傻傻的善行持续下去，他们会投桃报李，在自身能力范围内，努力对你的善意做出回报，刺激你无休无止地把钱砸给他。

所以，你的善行遭遇合作人，会感觉好爽。你的每一个行为，都会获得对方良性反应，引诱你继续扔钱。慢慢地，你和对方渐而融入一个共同的经济循环圈，你中有我，我中有你，你赚我捞，不亦快哉！

但当你的善行遭遇对抗型人，对方将他的所得视为理所应当，不仅没有丝毫反应回馈，反而趾高气扬、高高在上，这注定了对抗者和任何人都无法合作，最终会疏离于社会经济循环圈。

（07）

前面的段子，第一个大学生遇到的烤红薯大叔，就是个典型的对抗型人。

人家大学生帮助了他，他却无丝毫感怀，反而趁机给大学生下套，把烂红薯强卖出个高价——如他这种人，永远只做一锤子买卖，断不可能形成持续稳固的经济循环圈。没有一个持续的收入，他的生活就会波折不断，日渐不堪。

第二个大学生的邻家，就是个明白人。虽然他们开始时逞凶强横，但心中良知尚在。当得到大学生家的善意帮助，心里羞愧万状，就主动拆除椽棚，顿时让邻里关系进入和谐阶段。此后这两家人有忙互帮有事互助，自然就比单打独斗容易得多。

（08）

你是哪种人，就会到达哪个社会位置。

合作型的人极是精明，因为他们吃过的亏太多。

每当遇人做事，合作型的人会象征性地丢过点诱饵，观察你的反应。这叫"见人只说三分话，未可全抛一片心"。他们在对抗型人身上吃的苦头太多，心里害怕，一旦发现你稍有对抗意图，就会抽身远离。

所有的合作人最终都会相遇，通过一种信任关系，构筑彼此的生态环境。

对抗人极少吃亏，他们几乎次次都能占到小便宜——但他们的人生格局，仅限于此，他们是这个社会不断向下走的人。因此这种人心里愤怒已极，感觉自己是那么聪明，没人算计得过自己，可为什么却时运不济，没有财运呢？

自从盘古开天地，三皇五帝到如今，世界就是清气上升、浊气下降。每一个人都会游荡在他应该在的位置。纵时运难测，对抗型人有时也会浮到社会上层，但过小的格局，终会让他众叛亲离，回归本属。合作型人有时也会流星般滑坠下来，但最终，他们还会吭哧瘪肚往上走，这是他们的属性所决定的。

后一种情况，叫逆袭。

（09）

逆袭者，一定具有这样几种素质：

第一，他们是合作者，知道单打独拼不成气候。而要与人合作，就需要识人辨人，需要试探与小心。

第二，他们不美化困境。对于他们来说，从不存在怀才不遇或是高才遭谤，存在的只有渐行渐高的自然规律。

第三，他们的格局更大，不在意一城一地之得失。被人骗了是双重好事，一是你认识了对方，二是幸好骗人的不是你。

第四，他们谋远长，存善意，胸有丘壑，不求之于即刻回报。

第五，他们是做事的高手，更是合作的高手。从不抢功夺利，但最后却捞得比谁都多，这叫"夫唯不争，故天下莫能与之争"。

合作者单纯简单，因为他们谋求长期合作，变数不多。

相反，对抗者日算夜算，生活负重不堪。

对抗者从不相信什么逆袭，因为他们缺乏这五种素质，小算盘小格局精打细算，眼光短浅只能看到鼻子尖前的一点利益，无法想象更长周期的投入与回报，自然无法理解逆袭者的境界。

（10）

人的心力，是有限的。

大致是个常数。

过多的谋思于对抗，就没多少精力思考合作。一个人的对抗意识有多强，合作能力就有多弱。

古人说：吃亏就是占便宜。

其实吃亏跟占便宜，一点关系也没有。这话要看谁在说，还要看谁在听。如果说的是对抗人，听的人无论是谁，这都是句屁话。对抗人是一锤子思维，没有投入积累意识，占了便宜还想更多，直到出局为止。

合作人会将你的损失折为投资，日后必有所报。这又称人心换人心。

人生就是一次轰轰烈烈的大投资。我们要想把命运掌握在自己手中，就需要扩展事业思维的时间线，静看那些对抗者在我们的视线中纷纷出局。最后留下来的，就是风雨同舟的同行者。所以衡量一个人的合作能力的标准，看就看他的信用累积，诸如他有没有多年至交，电话号码是不是长年固定。喧嚣红尘中，一个人能持久坚守，这就是他的信用资本，他的无愧于心，值此堪可托付。

心中的格局有多大，人生就能走出多远

（01）

媒体长篇报道，重庆地区一个 9 岁女孩儿，3 年换了 6 个特长班，仍无任何特长兴趣，因此向父母写下保证书：

我自愿不学钢琴、电子琴、二胡、舞蹈等多样课程，还包括绘画、武术。我长大后不怨妈妈爸爸。

好好的家庭给弄到这份儿上。

其实这算是温和的了，所以媒体可以就事说事。走向激烈趋于极端的，媒体就不好说了。

我曾在电视里看类似于寻人节目，一位满脸憔悴的母亲，泪流满面地对镜头说：孩子，你回来吧，回家来吧！妈妈再也不逼你学了，再也不逼你了，你才 12 岁，从未出过家门，万一遇到点啥事，让妈妈咋办呀！回来吧孩子……

我曾看到 9 岁的孩子，采取暴烈手段与父母对抗，以怕人的冷静说：你们打吧，打死我吧，打死我也不学。

我曾见过 10 岁的孩子，老气横秋地面对父母的暴怒：这辈子我就这样了，你们最好别费心思了，反正说什么也没用。

每逢到这时候，家长们就会号出同一声：我这是为了你好！

才不是！

（02）

那个9岁小女孩儿的保证书上，最后一句写得再也明白不过的了：

我长大后不怨妈妈爸爸。

家长那点小心眼，孩子看得透透的。之所以带着毫无特长的孩子，辗转于各个特长班，折磨孩子和老师，同时也折腾自己，考虑的根本不是孩子，而是图个省心，将来孩子遇到人生麻烦，自己就有理由开脱：你看，这不怪我吧？反正我把该上的特长班都给你上了，你自己不行怪谁？

9岁女孩儿，她知道父母这个心思，所以她写了出来。

她是在用微弱的声音控诉！

在所有这种家庭对峙中，家长在孩子面前几乎是透明的。所有经过粉饰的虚假理由，所有的文过饰非，在孩子面前都起不到作用。

家长，作为家长，你一定要知道，孩子这事真的不能虚应差事。你认真一点，认真一点，在对待孩子这事上，认真一点你吃不了亏的！

——哪怕你养只猫，养条狗，都知道百度一下，或是买本猫狗心理学之类的，想了解宠物的内心，不想让那四条腿的东西受委屈。对血亲骨肉，你怎么也得长长心吧？

长长心，不要把自家孩子废掉。不要强迫鸡游泳，不要强迫猪上树，不要强迫孩子成为他不属于的那个类型，这到底有多难为你？

现在做家长的真可以说是得天独厚，书店里一架子又一架子的孩子心理家庭教育类型的书籍。只要家长真心为了孩子，这些书分分钟就会卖光。

可现实是，书在书店里积灰蒙尘，家长却为了推脱教育的责任，处心积虑地折磨孩子，弄得鸡飞狗跳。

悲哀！

03

晚清民国时，出版环境虽然宽松，但文化积累量不足，当时的母亲，可没有现在这么好的教育环境。

就有这么位母亲，她算是当时的女文青，识得几个字。嫁人后生了个儿子。儿子一出生，这母亲顿时"哎哟"一声：

这孩子不对，虽然刚刚出生，但感觉他不像有什么特长的样子。此外这孩子脑子也有点问题，"饿了不知道哭，饱了不知道睡"的那种。

有天赋的孩子，那是老天爷给双鞋，生下来就可以迅速奔跑的。

可这世上绝大多数九成九的孩子，是没有丝毫天赋的。这些孩子生来打赤脚，那应该怎么办？

也像现在有些父母们，强迫自己光脚的孩子去跟那些穿鞋的孩子奔跑吗？

强迫别人做根本做不了的事，这就叫没事找抽了。

这位母亲可不想这么做，她还是决定去找本教育类型的材料来参考一下。

说过了，那年月根本没有家庭教育类的书，她去哪儿找呢？

去乡间的戏台子上。

台上正演《水浒传》中的《劫法场》什么的，演梁山好汉捣毁江州火焚浔阳楼，营救宋江上梁山的那一出。

这个好，就它了。

这位母亲当时想。

04

当时这位母亲，是这样胡思乱想的：

你看那个啥，这个梁山上呀，人人都有本事，李逵能砍，林冲能扎，吴用动脑，戴宗善跑，每个人各有一技之长，都是别人无法替代的。

就这个黑厮宋江宋三郎，他写不过吴用打不过李逵，颜值不如花荣……他凭什么也上梁山啊？

说他有领导能力？

扯！凭什么他就有领导能力，别人就没有？

可是按《水浒传》的情节铺开，宋江确有非凡的领导才干，上山后就成了决定性的人物。相反，那些看起来能打能跑各有天赋在身的人，缺上一个两个，甚至十个八个，还真不影响什么。

要不，咱们就把自家这没天赋的普通孩子，也培养成宋江那样的烂人？

没天赋，做老板。

君子不器，上善若水。

好像除此之外，还真没更好的办法。

（05）

这里说的这位母亲，她叫蓝月喜。

她的儿子，叫戴笠。

戴笠，民国年间说出来吓死人的，国民党军统的特务头子。

但他这个人，是个没有任何特长，没有任何爱好，智力正常不突出，资质一般不优秀的那么个普通人。最要命的是他情商低，一辈子沾不得女人，只要沾上就会被对方死死缠上，闹到鸡飞狗跳、沸沸扬扬。

他上学的时候，那可千真万确是黑宋江第二。

他有三个比较厉害的同学。周念行、毛人凤和姜绍谟。

在这三个人面前，戴笠简直没脸再活下去。周念行满腹才华，哪怕走路上看到一坨屎，都会立即吟诗一首，所以他一毕业就被政府保送到日本留学去了。

毛人凤则是为人老辣力道，戴笠在他面前，宛如一个光不出溜没穿衣服的姑娘，说不尽的羞涩。

还有个姜绍谟，最是精狠，戴笠这边还没混出模样来，人家已经快要成为上将了。

及后戴笠始建军统，就立即把这仨人全搬了进去。周念行最有才，给他当老师，每天给他讲个历史段子。毛人凤最老到，就让他替自己坐镇，自己好跑出去嗨。姜绍谟最能干，那就让他替自己打工卖命。

蓝月喜这个女人，她居然真的把《水浒传》中杜撰的情节，搬到现实中来。她是怎么搬下来的呢？

（06）

当发现儿子戴笠，根本没丝毫天赋、没任何特长后，她大概是这么琢磨的——也许她根本没琢磨过，反正她是这么做的：

天赋这东西，没有也不强求。

那就专注于培养孩子的心胸与格局。

孩子心中格局若成，就鼓励他放开手脚，尽力去做番大事业。

格局若不成，就让他踏踏实实做个小户平民，不奢想不张扬，保持欲望与能力持平，这样也蛮好。

那么，什么叫格局？这东西又该怎么培养呢？

（07）

格局格局，格是特指人格，人品要正，不能走偏。要有尊严，不可失于猥琐下作。局是心胸，心中的开阔局面，类似于愿景、理想、宏图什么的。

但格局联起来，则是指对局势、态势的理解和把握。即一个人对事物所处的位置（时间和空间）及未来变化的认知程度。

一般人认为，有格局的人，会一眼就能认出来，因为他们心胸大、思虑深、布局广——但实际上不是这样，至少戴笠这货，他心中的格局培养费老劲了。但格局这东西有个好处，会让一个人自行激励渐而上行，所以戴笠在人生阅历还非常青涩的时期，就把自己的命运和蒋介石、杜月笙这些大人物纠缠到了一起。在这个过程中不知道闹出来多少鸡飞狗跳的糗事——我正在写这部书，就是要看看一个少年在心中格局的培养上，会闹出多少荒诞的怪事。

以前说，授之以鱼不如授之以渔。

但真正有效的教育，不过是求之于天赋，莫如授之以格局。

男人有了格局，就不会再疲软一如鼻涕虫，哼哼叽叽趴着不挪窝，纵千万人也扶不起你。女人有了格局，那可就是千人抢万人争的宝贝了。但现实中，有格局的男人少，有格局的女人也不多见，这还需要慢慢积淀。

（08）

培养一个人的格局，至少需要这么五步：

第一，要有自尊与志向。不能生平埋没随百草，谁都可以踩一脚。简单说要告诉孩子，尊严是自己拼出来的，出息是自己打出来的。至于打什么，拼什么，这个还真不重要，让孩子自己慢慢去寻找，毕竟这是他的人生，家长无法替代。

第二，要有责任心与悲悯心。要告诉孩子，孩子小时候需要家人照料，长大后就要学会照料别人，一个人的人生成就，取决于他能够照料多少人。你照料的人越多，越能够证明你的人生价值。如果你年纪老大还需要别人照料——那也没关系，只要你心存这个责任意识，一切都不急。白发苍苍的老父母，会一如既往耐心地等着你。

第三，要善于学习。学习不见得非读书不可，读书并成为有成就的学者，只是少部分人的幸运。大多数人还要从现实中那些优秀的人身上学习，这种学习可不是电视里看马云说句什么，人在电视里是不会说实话的。你要大胆地走远一些，去找那些优秀的人，死皮赖脸和他们在一起，看他们如何做事，听他们如何谈吐。这样的机会哪怕只有一次，胜过你读上一万本书。

第四，是寻找自己立足的根基，天赋或特长，这些东西其实跟人生成就一点关系也没有。许多有天赋的人，根本没丝毫事业可言，许多有事业的人，这辈子没听说过什么叫天赋。人类社会的事业是以人为中心的，只要找到了你人生立足之本，接下来的事情就好办了。

第五，是在自己的事业领域耐心地劳作，事业是积累出来的，人生的成就也是积累出来的。没有鞋的孩子一直在奔跑，在你身后留下的那漫长足印，都会累计叠加在你的生命中，丰富你的生命，垒起你的尊严。而当你渐行渐远，蓦然回首，俯瞰来路，才知道你心中的格局有多大，你跑出去的道路就有多远。

能力是靠不住的，还是要看心胸

（01）

小说《水浒传》中，有个很烧脑的问题。

这个问题，是豹子头林冲先生，给弄出来的。

——林冲先生，他实际上是近乎完美的男生，身材伟岸，相貌堂堂，一身无与伦比的好武艺，对女性又极尽温柔，绝对的暖男。

如果一定要说林冲有什么缺陷，那就是他太过于完美了。他是对外作战的大师，却对内耗束手无策。尤其是，当这种内耗以损害他的家人为前提下，他的茫然与软弱，已经到了让人恨不能踹他两脚的程度。

林冲就像只体型巨大的温和动物——大象之类的，战斗值超标、攻击力爆表，却极不爱惹事，甚至有点怕事。

但人生是很不讲道理的，越怕事的人，事越喜欢找你，越躲事的人，事越喜欢追你。最终林冲被追得逃无可逃，冲冠一怒，血洗草料场，然后就上梁山了。

（02）

当时，把持梁山军政大权的是白衣秀士王伦。他发现林冲这人厉害，担心让他上山之后跟自己争夺存在感，就给林冲出难题，让他拿个投名状来。

就是逼林冲做个恐怖分子，杀个无辜者以证明自己是坏人。

林冲没办法，只好硬着头皮下山搞恐怖活动。他瞄上个行路客商，立即发起恐怖袭击：杀呀，我是恐怖分子，不服你咬我呀……你咬你咬你咬……万万没想到，对方居然真的敢咬。

对方，赫赫然是杨家将的后人，金国小王子杨康的丑表哥，青面兽杨志。

结果，林冲想做个恐怖分子的愿望就这样失败了，跟青面兽杨志打得云山雾罩、山呼海啸。

豹子头大战青面兽，看得白衣秀士王伦眉开眼笑，他立即跑下来劝架，分开二人，并向青面兽杨志提出个古怪的要求。

他诚邀杨志先生加盟他的极端恐怖组织，还是不需要投名状的那一种。

——现在请听题，为什么林冲主动应聘，王伦却嫌他能力太强，不肯要他；而杨志根本不想入职，王伦却执意诚邀？

为什么林冲入伙，必须来个投名状，而杨志就不需要？

为什么？为什么？

（03）

我有个朋友，姓庞，人称大庞（大庞是我对他的尊称，近一些的朋友，亲切地称呼他为大膀胱）。他性格较为豪爽，经济能力虽然不是太强，但朋友居多，还和几个土豪称兄道弟。

我还记得那一年，大庞迎来了他命运的第一次转机，他在郊乡认识了个村长，一来二去，村长承诺他可以承包村里的鱼塘，只要拿来 120 万，立马可以签 3 年的合同。

大庞当时计算了一下，养鱼是有很大风险的，但那几片鱼塘面积不算小，如果不是太倒霉的话，经营顺利，当年就可以收回成本且有盈余。此后两年，就可以坐收红利了。

当时大庞立即打最要好的土豪电话，请求见面。

土豪正在谈个项目，没丝毫可行性的那种，只不过对方施展十八般赖皮战术，逼得土豪好不烦恼的当口接到大庞的电话，土豪立即让他过去。

大庞兴冲冲赶去，见面一说承包鱼塘的事，没承想，土豪突然翻了脸，破口大骂大庞，骂大庞游手好闲不务正业，骂他好吃懒做不动脑子，杂七碎八莫名其妙，骂得大庞彻底蒙了，呆坐在座位上，完全不明白土豪的这股子邪火，是打哪儿冒出来的。

没头没脑地骂过一番之后，土豪拿过对面那人的完全不可行招商计划书，大笔一挥签了字，当场给人家投资 200 万元，再也不看大庞一眼，站起来扬长而去。

这件事，当时我们这些朋友都清楚。大家对此是有共识的，土豪的眼力与商业洞察眼光，是经过市场证明了的。他既然不屑于大庞的计划，肯定是承包鱼塘这事不可行。而土豪投的那 200 万，看似毫无商业前景，但估计过不多久，就会验证土豪过人的商业眼光。

这个共识是不会有人质疑的，那 200 万毕竟是土豪自家的钱，不是大风刮来的，如果土豪不是心有成算，断不会如此果决。

几年过去了，我们已经把这事给忘了。但是上半年时大庞打来一个电话，告诉我一个完全相反的消息。

（04）

电话里，大庞用忧伤的声音告诉我：土豪几年前投的那 200 万元，完全打了水漂。拿钱的老兄根本没进行项目开发，把那些钱全都吃掉了。

而因为遭土豪斥骂、最终被大庞放弃的鱼塘项目，大庞说：后来承包鱼塘的人，已经赚了不少于 600 万了，听说今年还会赚到更多。

电话里，大庞的声音，孩子般带着委屈。

他当然委屈！

在他和土豪之间，土豪的商业前瞻力是无与伦比的。鱼塘到底能不能赚钱，大庞并不敢把握，而是要土豪帮他做出判断。可是土豪当场翻脸怒骂他，这可以视为土豪不看好此项目的最精确信号。

但万万没想到，几年过来一切都反转了，土豪投的竟然是个骗子项目，被土豪严重鄙视的反而是个厚利产业。

试想大庞他如何不委屈？

土豪也不是神仙，看走眼了也属正常。接电话时我也没上心思，哼哼几声就把电话挂了。

挂了电话，我突然想起豹子头林冲，土豪应该不是看走眼了，而是掉进了白衣秀士王伦的思维陷阱，这个陷阱在心理学上也没个正经称呼，不妨称之为……称之为……王伦陷阱好了。

（05）

青面兽杨志这个人，也不是什么好鸟，他在《水浒传》里溜达来溜达去，除了白衣秀士王伦，还真没人拿他当回事。他的性格比豹子头林冲还窝囊，押运个生辰纲，被晁盖、吴用一伙抢，卖个切菜刀还被泼皮牛二抢，总之这货谁见他都不顺眼，不欺负欺负感觉对不起他。

只有白衣秀士王伦，对他青眼有加，一见面就热情邀请他上梁山当土匪。

但青面兽也不是王伦的亲爹，王伦为什么这么喜欢他呢？

王伦之所以喜欢青面兽，只是因为林冲的存在。

只是为了给林冲心里添堵。

——这就如大庞遇到的怪事，土豪之所以豪掷 200 万打水漂，不是看走了眼，纯粹只是为了给大庞添堵。

土豪那么做，只是想告诉大庞：老子有钱也不投给你，打水漂也不投给你，不服你咬我呀，你咬呀！

王伦热情诚邀青面兽加盟，这只是做给林冲看：豹子头，你看到了没有？别人不上山，我硬请他来，没投名状也没关系，但你不行，你就算拿了投名状也照样不行！

——当一个人，居于较高位置，却表现出过于低的能力或德品，你就需要小心了。

因为你，时刻会面临着现实生活中的王伦陷阱。

（06）

孔子最有钱的弟子子贡曾经说过：君子恶于居于人之下，而众恶归焉。

这句话的意思是说，一个人一旦居处的社会位置过低，而能力或德品又不是一般的强，这时候大家就要修理你了。

为什么呢？

不为什么，就是正常的社会心理而已。

就拿大庞来说，第一次见到他的人，都会大吃一惊。因为一聊之下，就会发现大庞这厮不是白给的，要料有料要货有货，有气魄有担当有能力，冷一看特像个大土豪，仔细问才知道不过跟大家一样，非但不是土豪，反倒经常饿到狼一样地嚎。

这时候，众人的心里顿时生出悲情无限，觉得这世道忒黑暗了。

如果这世道不黑暗，有能力的人就应该嗖嗖嗖蹿到土豪的阶位上，纵横风云睥睨四方才对。而如果自己没有成为土豪，那一定是自己的人品或能力出了问题。

在内心里，许多人是极度自卑的，充满绝望的。但在现实，还得强撑着继续打拼，所以谁都不会承认自己人品或能力有问题，承认了这个，你让人家怎么办？改又改不了，死去吗？

许多人不愿意改变自己，无能力成为土豪，但又不肯承认这是自己的过错，把问题归于世道黑暗，是个可以理解的聪明选择。

就这样，如大庞这般有能力却非土豪的存在，就成为铁一样的证据，证明了这世道真的好黑暗。你看大庞这么强大的人，都惨到这模样，如咱这般比大庞略差一点点的，没成为土豪更正常了……

可是忽然之间，大庞的命运迎来转机，有望晋级成为土豪，你猜大家会怎么做？

当然是死命地摁住他，不许他擅自上行。

倘若大庞成了土豪，那就没法再玩下去了。此类事件不唯否定了世道黑暗说，更衬托出了自己的人品太渣或能力太弱，这其中无论哪一个，对自己来说，都意味着致命的伤害。

我经常说，人生的成就之路，要过人性的晦涩之河……说的就是这个意思。

（07）

白衣秀士王伦，对待林冲的态度缺乏友善，这在此前被解释为王伦嫉贤妒能。

但是我们应当问一下：王伦先生，你为何嫉贤妒能呢？

原因就在于，他需要一个极悲惨的林冲存在，以向人证明自己才是真正的能力型人物。你看看，林冲本事大吧？却混到如此凄惨模样，这说明了什么？说明咱比他林冲牛呀！

嫉贤妒能，不过是不情愿承认自己的能力不足罢了。

这就映射出一个不太让人注意到的规则——越是对自己能力缺乏信心的人，越是不愿意承认别人的能力。

不愿意投资大庞的土豪，应该也是这种心态，我猜他的潜意识里，是害怕大庞一飞冲天，超越他的成就，反过来证明了他不过是马马虎虎，所以他情急之下恼羞成怒，对大庞大闹一场，宁肯拿200万打水漂，就是不想给大庞一个机会。如此一来，有本事的大庞仍然沉沦，这就证明了土豪才是真正有大本事的人。

明白了这个道理，我们就应该知道如何做事了。

（08）

人生在世，首先你得真正有点能力，有点别人无可取代的优势。缺少了这个，一旦遭受别人的能力威胁，我们就有可能沦为白衣秀士王伦。

王伦这营生，真不是正经人该干的，挨刀了呀。现实生活中的我们，虽然不至于真的挨刀，但当我们流露出嫉恨的偏狭心肠，那是瞒不过人的。一个人因嫉而恨的嘴脸，往往是下意识的反应，自己毫无察觉，但别人却看得清清楚楚。

并不是说，能力越强，就肯定没有嫉恨之心。又或是能力如果不足，必然生出嫉恨之心。而是说，一旦我们自身拥有了足够的能力，至少没必要嫉恨别人。而一旦我们发挥出自己的能力，那就更没必要处处和别人比较了。

有了能力，积攒人品，这只是第一步。比能力更重要的是，我们要学会善待别人的玻璃心。

——哪怕你有天大的本事，也得需要三老四少的鼎力相助。单凭一个人就打下一片天，那是玄幻小说，不是现实。

现实就是，其实这世上，每个人都是不可替代的，都有自己擅长的一面。但这并不意味着，每个人都懂得如何发挥长处，许多人更大的苦恼，来自他们找不到让自己能力发挥的平台。所以，一旦出现一个有足够心胸的人，将诸多的能力集成，那就意味着无垠辽远的未来——汉高祖刘邦，打天下时的小伙伴们属于清一水草根阶层，什么县府文秘摆摊小贩，这些人在任何人的眼里，都只不过是打酱油的路人甲，但在刘邦手中，不同人物的相互组合，就立即爆发出骇人的战斗力。

当然我们不敢和刘邦这烂人相比，但有一点，能力型人士必有其短，就算你是全才，但最多也不过是两只手两条腿，不可能一个人玩转太大的事业。于今商业时代，任何一个盘子都需要一大群小伙伴来推动操持。这种状况下，心胸往往比能力更重要。

记住吧，现代社会，一个人想勉强填饱肚子，有点能力就足够了——但如果你想突破人生限制，获得更大、更多的经济自由，这时候能力所起到的作用，就已经微乎其微。倘若生出偏狭的嫉恨之心，不但会破坏我们周边的小环境，也会将自己的能力牢牢锁死，最终让自己于无望中哀鸣叹息。

善待别人，不过是善待自己。真正智慧的选择，是扫尽偏狭之怨，以开放的心胸，关注并欣赏身边朋友们的长处，这样才会给予未来的自己以机会。

输不起，你死定了

人类是天然的群居物种。

但同时又具有把合作弄砸的天才本领。

为了测试这个本领究竟有多大，不知什么地方的学者，搞了个暗黑实验，测试合作的破裂点在哪里。

首先是两名实验者上场，甲和乙。

实验组给甲 100 美金，乙啥也没有。

甲必须把 100 美金，分些给乙。给多给少由甲自行决定。

但如果，乙对所获得的赠馈，感觉不公平，可以拒绝——一旦乙拒绝甲的分配，实验组将收回 100 美金，甲和乙，啥也没有。

理论上来说，甲无论给乙多少，乙都应该明智接受。因为他一旦拒绝，结果是两人通通赔光，完美的两败俱伤。

——但实验的结果，却大大出人意料。很多情况下，乙的选择明显不理性，一旦他认为甲给他的太少，宁肯让自己一无所获，也不想让甲拿到钱。

据测算，一旦乙得到的，不足甲的三分之一，这时候合作就会失败，乙的计算是以我的损失，换你 3 倍的代价，值了！

据此，可以计算出社会性合作的分裂点，分配不公关系不大，但当这种不公，形成 3 倍压力之时，当事人就会毅然决然砸锅碎碗，不跟你玩了。

（02）

上面这个实验，是我在我的职场讲武堂的美女学员公众号上看到的，标题叫《聊聊工资的事》，看到这个实验时，我心里怦然一动。

咦，好像古人类就做过类似的实验。

（03）

春秋年间，齐国有 3 个力士，皆有万夫不当之勇。有一天，大夫晏婴走过，3 名力士没有搭理。

晏子大怒，就去见国君，曰：国君呀，咱们弄死那仨力士吧。

国君曰：这 3 个人，自恃功劳在身，对朕不尊重久矣。朕也想弄死他们，你有什么好法子没？

晏子道：这事容易，欲杀三士，只需俩桃。

于是晏子拿着两个桃子，出来对 3 名力士说：三位，你们有功于国，国君赐桃于你们，哪个功劳大，可以先吃桃。

第一个力士走过来，曰：我打野猪，骑老虎，今日吃桃慰辛苦。说罢拿起一个桃子吃。

第二个力士曰：昔日战场把敌杀，今日吃桃萌萌哒。说罢也拿起个桃子吃。

第三个力士一看，我靠，三人俩桃，你俩一人一个，桃毛也没给我留。顿感无尽屈辱，曰：有次国君渡黄河，被只大鳖叼走了，我追上去杀大鳖，救回国君震山河——我这么大的功劳，居然没有桃吃，我还有什么脸活着？我干脆自己抹脖子算了。

言讫，第三名力士自刎当场。

前两名力士傻眼了，曰：我们俩的功劳，都没有他大，却吃了桃而逼死了他，以后人家会怎么说咱们？咱们俩也没脸再活下去了，干脆大家死一堆算了。

言讫，两名力士也齐齐自刎。

看着脚下的3具尸体，晏婴欢喜得一拍巴掌：国君，快出来看死人，输不起的人分分钟死在你脚下。

——这是一个古老的分配寓言，分配的不公程度一旦突破人心的承受底线，合作就彻底破裂了。

这个故事同时也喻示着齐国的未来。

（04）

战国年间，齐国有两个忌，一个是邹忌，一个是田忌。

邹忌，长得比较帅，但当时齐国最美的美男子，是城北徐公。可是邹忌的老婆说他比徐公美，小妾说他比徐公美，来办事的客人也说他比徐公美——但等见了徐公，才知道跟人家相比，自己这幸福的一家，不过是我丑你瞎，全都是瞪眼说瞎话。

为什么要瞪眼说瞎话呢？

因为在家里邹忌是老大，谁敢说他不好看，他就让你好看。

发现了这个生活细节之后，邹忌就去见齐王，忠告齐王听人劝吃饱饭。

——做完了这桩名传青史的好事之后，邹忌就露出丑恶的嘴脸，陷害田忌。

（05）

田忌，是齐国的谋臣，又得兵学家孙膑之助。他在和齐王赛马时，以其上等马，对齐王的下等马，以其中等马，对齐王的下等马，以其下等马，对齐的上等马，这样输一场赢两场，玩了个人类历史上的第一个博弈论。

然后田忌把他赛马的博弈招术，拿到战场上来大败敌国。

田忌为国立下战功，人丑全家瞎的邹忌深受刺激。他就派了亲信，拿着黄金满大街嚷：我是田忌的手下，我家主公要干大事，你们说能不能成功？

被邹忌玩了这么个阴招，田忌慌了神，害怕齐王疑忌而杀掉他，被迫逃走了。

于是邹忌独霸齐廷，谁敢说他不好看，他就让你好看。

——这是一个忌妒的故事。忌妒之心源自行将到来的新一轮利益分配，邹忌无法接受在未来的权力盘局中一无所获的结果，他输不起，索性砸锅摔碗，毁了齐国的未来。

（06）

总是有人说，中国人民，是勤劳、勇敢而且充满了智慧的。

这话倒是不假。但如果，我们一定要说句实话，那就是我们中国人，极不擅长于利益分配的制度设计。这种制度设计，是一种极高明的政治智慧，自春秋、战国，而后权力时代的任何一个皇朝都明显缺乏。

缺乏智慧怎么办？

那就硬干！

权力时代的皇朝，有条潜规则，大臣在建言国策后，必须销毁奏折底稿。

为什么呢？

目的是强迫大臣们，自动自发地抹除自己的智力付出。等到陛下临朝时，可以这样说，诸位爱卿，朕有个天才的好主意……其实这个好主意，就是人家大臣刚刚写在奏折上的。但因为底稿销毁，这些创意就全归了皇帝本人，就营造出陛下英明神武的感觉。

如果大臣保留了奏折底稿，等到日后写史的时候，这些底稿就成为大臣们的功业证据。大臣们的形象高大上了，皇帝就有点黯淡了，就很难再假装英明神武来忽悠大众了。

假如大臣耍点心眼，偷偷留下奏折底稿不销毁，那又会如何？

还真有人这么干过。

于是这个人，就在青史上留下了大名：

大唐名臣，魏徵！

（07）

唐太宗绝对是个好皇帝，因为他从谏如流。

他主要从魏徵的谏，这在史书上一笔一画地写着。

——可魏徵之所以青史留下铮铮铁骨，就是因为他偷偷地保留了奏折底稿，留下了这些事情的证据。

而唐太宗李世民，他渴望留给世人的形象，绝不是什么从谏如流，从谏你个头啊，那是多么低的凡人形象啊！

李世民想要的，是英明神武，言无不中，比诸葛亮还有智慧那种。

但魏徵悍然保留奏折底稿，跟李世民争镜头。

到了魏徵死后，李世民才发现这事，当时这位英明神武的皇帝就发飙了，不顾体面地大闹一场，砸了魏徵的墓碑。

生前诤友，死后砸碑。说到底就是输不起，就是魏徵不肯接受权力分配制度而已。

（08）

如唐太宗跟魏徵这样闹的事件，历史上有记载的不止一两起。说来奇怪，明明知道皇家权力一家独吃的分配体制极端不合理，可是自秦始皇以来，中国人却不可理喻地死抱着这个怪异制度不肯撒手。一个又一个朝代倒下，一个又一个朝代兴起，始终是换汤不换药，让后人面对止步不前的政治智慧困惑莫名。

时至今日，也没听说国内的哪家人文研究机构，设计个此类实验什么的，这种实验其实不难设计，照抄照搬就行。但就是没人做。

没人做就算了，大家继续粗放经营，拍脑壳行事。

早年我在粤西时，亲见有家企业，去深圳挖了个总裁，给了很高很高的年薪，指望这位职业经理人带大家杀出条血路来。

企业给这位总裁的薪资，有点太高，高出原来的主管两倍不止。老主管们怒不可遏，就给新总裁下套，很恶心的那一种。新总裁也不知检点，稀里糊涂就跳进去了，结果因为嫖娼进了局子。后面还有更狗血的，这个局在做好之前，就有人打电话通知总裁老婆来领人。那天派出所门口挤满了人，看总裁妻子狂抽他的耳光，边抽边问：家里没有吗？啪！家里不让吃吗？啪啪！！

比这更狗血的，也不乏见。总之人们一旦感觉到不公平，感觉到自己受了莫大的委屈，就会不计后果，鱼死网破地乱拼一气。我曾见过一家公司主管层联名罢工，边缘层级的主管不明就里，亢奋不已地跟着穷搅和，结果秩序恢复后首当其冲被清算，而领头闹事的几个人，却进了董事局。业界人士猜测，这有可能是老板针对公司管理层臃肿，为彻底扫清障碍，利用人们求公平的心态，故意布设的圈套——怎么看怎么像，但始终没有机会求证，只能是姑妄猜之。

无论是当年的深圳，还是现在，星夜逃奔的老板，可不止一个两个。老板个个都是人性大师，最善于利用公平的心局布设迷阵。深圳就有家电子企业，老板消失了，消失之前给员工画了张巨公平的饼：苦战一百天，迎接新三板。结果新三板没见到，见到的只有赤字累累的家庭账本。

（09）

有位亨字级别的大佬曾对我说过，最高明的管理者，不是追求公平，而是营建公正心。

公平是相对的，更多时候是一种心态。如果你做个实验，让三个人负责一项共同的工作，而后请他们自己给自己打分，看自己的贡献率是多少。结果准保让你大吃一惊。

3个人自我评判，每个人都会认为自己的贡献率不低于70%。

这是因为，每个人都特别重视自己的付出，高估自己的贡献。这就是职场上压力重重、怨气冲天的原因之一。

你的自我评估，与别人对你的评估，有着一个巨大的落差。不正视这个落差，你的心态就不会平衡。

（10）

这世上，不公平的事在所难免。但心态上的不平衡，却也占了相当大比例。

正如我们文中开篇提到的那个实验。如果让实验中的甲退场，由一台计算机取代甲，随机的给乙派发现金，仍然是同样的规则，如果乙感觉不公平，人机合作即告破裂——这种情况下，乙突然间变成了超级理性人，无论计算机分给多少钱，他都会欣然接受，绝对不会拒绝。

这个实验是在证明，许多情况下的不公平，只是针对人。

——针对他人。

这样我们就明白了，人类天性，喜欢与人争竞。必须摆脱争竞之心，认识到人生事业，不是一锤子买卖。一次利益分配不公平，还有下一场。怕就怕输不起，非要在上一场上较劲，那就没法玩了。

心态平和的人，不会故意高估自己的贡献值，也不会低估他人的存在价值。这种心理上的均衡，让我们的认知更接近于客观。但除非我们尊重自己的人格，尊重他人的付出，否则不会获得平和心。

一切公平都是相对的，哪怕是上帝、佛祖联合诸天神魔，也没法子算清楚一个人在这世界上的付出与努力。我们需要的只是一种差不多的感觉，别忘了自己也有比预期获得稍微多那么一点的时候，就不会再愤愤不平、满腹幽怨了。

最重要的是时间线的把握，在一个短暂的时间线上，你有可能遭受到极端不公正地对待。比如说深圳那家老板消失的主管及员工们，真的找不到比他们更凄惨的了。但我们的人生不是截至今日结账，还有着更为漫长的道路，未来不会因你今日的委屈网开一面，仍然是一如既往的，需要你从零开始的平和心。你看那夕阳之下的老人们，他们都曾比你更凄惨、更委屈，可如果他们沉浸在不公平的痛苦之中，就会失去全部的人生。

人生是不讲道理的，哪怕你善良、无辜，比小白兔还要善良还要无辜，也难免朝风暮雨菊花残。

公平的人生，建立在悠长的时间线上。建立在连场博弈之上。

要输得起。

输得起的人，才会有一个相对公平的未来。

输不起的人，急于砸锅离场。只有在这种情况下，你才是真的输了。

谁的人生不委屈？

（01）

早年间，美国有家电视台，播出一个很轰动的节目。

主持人作简短介绍，请一位极有声望的心灵导师出场。

导师向观众展示一只有许多小抽屉的木箱。把木箱留给主持人，然后心灵导师转过身背对观众。

他要表演的是：透视你的心！

愿意接受心灵导师咨询的观众，请举手，主持人随机派叫。

第一个上来的是位家庭主妇，心灵导师并不回头，略微沉吟了一会儿，开口说：请主持人拉开木箱上标号为6的小抽屉，取出里边的信封，交给这位观众。

主持人依言照办，打开6号抽屉，里边果然有只信封。

主持人把信封递给上台的主妇。

主妇狐疑地打开信封，看了一眼，顿时瞪大了眼睛，然后她泪如雨下，失态地号啕起来。好半晌才泣不成声地说：导师，你看到了我的心里，看到了我这些年来的辛酸心路。你一定是上帝派来的，我的心事从未对任何人说过，可是你却早已写好，放在抽屉里等待我。从现在起，我可能对上帝不够恭敬，但绝对信任你。

谢谢！心灵导师对观众的动情视若寻常：

下一位。

（02）

下一位上场的是位工程师。

工程师上台，心灵导师仍不回头，沉吟片刻，说道：请打开标号为 12 的小抽屉，取出里边的信封，把信件交给这位观众。

主持人依言照办。

工程师狐疑地接过信封，取出里边的信，看了一眼，顿时惊呼起来：我的上帝，这简直太神了，我心中最隐秘的事情，从未告诉任何人，可是你知道。在我上台之前就知道。如果不是我亲眼所见，我是不会相信的。

心灵导师无动于衷：

下一位。

（03）

第三位上台的是位小学教师。

心灵导师仍是背对观众，沉吟片刻，吩咐道：这一次，请打开标号为 7 的小抽屉。

主持人打开 7 号抽屉，取出里边的信封，递给小学教师。

教师打开信，看了一眼，也惊呼起来：不可思议，无法理解，你如果不是上帝本尊，那就是魔鬼现身。你在我出现之前，就预知了我从未对人说起过的心事，这是不可能的，却是我亲眼见到的。

心灵导师懒得理他：

下一位。

（04）

这不可思议的表演，让台下观众惊疑不定，纷纷举手要求上台。但无论谁上来，那只小木箱中，必有一只抽屉里装有一封写给你的信。看到这封信的人，或是失声尖叫，或是失态号啕。

这位心灵导师，他知道每个人的心事——而且，在见到这些人之前，他就已经把每个人的心事写好，封存在木箱的抽屉里。

真是太神奇了。

主持人和每个上台的观众，都知道自己与这位心灵导师，是生平第一次见面。而他竟然先知先觉地察知自己心底的隐秘，这只能用神迹来解释。

显然，上帝是真实存在的。

又或者，这位心灵导师，是位具有神异能力的人。

对此，观众们深信不疑。

然后，主持人宣布：节目正式开始。

什么？前面那几番神迹展示，还不算正式节目吗？

（05）

主持人请所有拿到信封的观众上台，按次序站好。

先请第一位观众，泣不成声的家庭主妇，取出她的信封，念给大家听。

家庭主妇哭成了泪人，拿出信纸，边抹眼泪边念：

——你不是没有考虑过摆脱眼下的一切，但你狠不下心来。善良已经成为你的软肋，让你屡遭欺骗。你知道这对你来说太不公道，只是为了你的至亲所爱，你选择了隐忍。但你的心，越来越失望。他们已经习惯于把你的大度与包容，视为软弱可欺，就连你自己都把握不准了。改变？在这个过程中有可能带来的任何伤害，都是你无法接受的。委屈与无奈，你已经默默承受至今。

家庭主妇念完 。主持人请第二位观众，工程师念出他的信。

工程师念信之前，看了好一会儿家庭主妇，这才吞吞吐吐地念起来。

他一开口，台下的观众顿时骚乱起来。

工程师念的竟然和家庭主妇念的一模一样，每个字都一样。

奇怪⋯⋯

轮到第三位小学教师念他的信。他念出声，观众再度骚动。

小学教师的信，居然也跟家庭主妇和工程师的信，一模一样。

依次往下，每个观众念出来的都是同一封信。

（06）

——原来，在心灵导师的箱子里，每只抽屉里的信都是一样的。

——每个上台的观众，拿到的都是同一封信。

可为什么，拿到信的观众们，有的哭，有的笑，有的惊叫上帝下凡，有的尖叫魔鬼出世呢？

（07）

这时候，主持人才说出真相。

这位所谓的心灵导师，研究的根本不是什么心灵学。

他只是一位心理学家。

他在研究人类社会共同的情绪与情感。

（08）

上台的每位观众拿到的信完全一模一样。

可每个人都声称这封信说出了自己内心深处，从未对人说起过的隐秘。

——这是因为，在这封信中表达了现代人共有的情绪与情感。

让我们把那封信再拿回来，认真地看一下：

——你不是没有考虑过摆脱眼下的一切，但你狠不下心来。善良已经成为你的软肋，让你屡遭欺骗。你知道这对来说太不公道，只是为了你的至亲所爱，你选择了隐忍。但你的心，越来越失望。他们已经习惯于把你的大度与包容，视为软弱可欺，就连你自己都把握不准了。改变？在这个过程中有可能带来的任何伤害，都是你无法接受的。委屈与无奈你已经默默承受至今。

这封信所表达的，是现代人共有的心态。

——多数人都认为自己是善良的，并因为太善良而屡屡吃亏受骗。

——多数人都认为，自己遭受到了不公正甚至极不公正的对待。

——多数人都认为，自己应该得到更多。

——相当数量的人都认为，自己为了家庭友人付出了极大的代价。

总之，心理学家精心写出来的这封信，就是上面的四句话，经过变形组合而构成。每个拿到信的观众都惊呼说出了心中的隐秘，只是因为这是现代人共有的情绪与心态。

这个节目的真相让参加的观众大失所望。此前他们都认为自己是独一无二的，现在才发现，就连他们的想法都和别人毫无区别，这真是太沮丧了。

（09）

上面说的这个节目，实际上是前些年特异功能甚嚣尘上之时，心理学家看得窝火，就从书斋里跑出来，专门制作了这么个节目，用以戳穿那些特异功能大师们的心理幻象。

但这个节目，确实也揭破了现代人的共同情绪：

委屈！

每个人都活得倍感委屈。

委屈，是认为自己太善良，却没有获得回报。

委屈，是认为自己为亲友同事做出了太多的牺牲，但这些付出却通通被无视了。

委屈，是认为自己有多次伤害他人的机会，都被自己高风亮节地放弃了。而在事后却未获得丝毫感激。

总之就是个委屈，委屈得不要不要的。许多人背负这种委屈心结，甚至感受到了一种神圣的庄严，每一天都被自己悲壮的牺牲所打动。

但是，心理学家通过这个实验，已经把话说明白了：

——不是说你不委屈。只不过，你所表达出来的委屈情绪，与你真实的际遇根本不成比例。

简单来说：你的委屈就是扯淡，就是个……自我的心理幻象。

（10）

为什么，现代人普遍感觉委屈呢？

有三种情况：

第一种是真的委屈。这种真实的委屈，也分大小，有的人遭遇到很严重的不公正——诸如处身于一个极端不公正的社会里，又或者遭遇到令人发指的权力伤害。这事确实有。

但，大部分遭受委屈的人，并不会流露出委屈情绪。当不公正感过于强烈，个人的委屈就不算什么了。相反，一些遭受小委屈，甚至根本没什么委屈的人，却流露出冲天的抱怨，认为自己亏大了。委屈他妈敲门——委屈到家了。

后面这类人，不过是思维的方式有点不对劲。

——正确的说法是，是这些人的思维，打开方式不对，让他们从很正常的工作生活中释放出一股冲天的怨气来。

（11）

人和人区别不大，智商相差无几。

但每个人的思维模式却是完全不同。

至少有两种思维，让人分别成为进取者，委屈者或抱怨者。

进取者，他们有自己的人生目标，并认可现实生活的存在性。认为要达成个人的奋斗目标，就必须从现实生活中，一步步地走过去。

委屈者，他们也有自己的人生目标，但他们拒不认同现实工作或生活。他们把工作生活中的一切常态，视为对自己的迫害。在这类人的心里，迫害是全方位的，别人的存在是对他的迫害，工作生活是对他的迫害，甚至连无生命的物体，都在参与对他的迫害——有些人愤怒时会踹桌子，踢椅子，摔杯子，砸碟子，打妻子，骂孩子。总之这个世界上一切的存在，都让他超级不爽。

看什么都不顺眼。

具体来说，面对工作中的问题时，进取者会很亢奋，因为这是他显露本事的时候，他就是靠了这个，和这个社会交换，获得生存资源。而对于委屈者来说，这一切都意味着对他的伤害，是别人故意难为他、陷害他。

再打个比方，在追异性这方面，委屈者会问：凭什么好姑娘不喜欢我，凭什么？进取者则会问：我要怎么做，才能够成为女孩子喜欢的类型？

找工作时，委屈者会问：凭什么我找不到工作？凭什么？进取者会问：我要如何做，才能让老板们跑来找我？

双方对问题的定义不同，看待工作生活的态度不同。

你接受现实，就会心态平和。

你不接受，自然就倍感委屈。因为你已经很努力了，可现实仍然是现实，你说你能不委屈吗？

（12）

由此，从这个实验中，我们就获得了几个或许有益于我们的观点：

第一，接受现实生活，认可现实的不完美性。正是因为现实的不完美，你的存在才有价值。一个完美的世界，绝对会排除你这种不完美的人，绝对是。

第二，接受人性的不完美性。这世上没有什么天生的善良，你做了善良的事，才勉强算是个做善事的人。人性有光明也有暗黑，只有时刻保持对暗黑的警觉，才会避免沦为坏人。无端拿自己当善人，这也许不是明智的做法。

第三，这世上，委屈的人比比皆是，车载斗量，真的不差你一个。看看这世界，有多么丰富的物质和精神产品，再看看自己，你的贡献有多大？无论怎么比较，我们都是占尽了便宜的人。千万别成为占便宜少了嫌吃亏的类型，那绝非受欢迎的种类。

第四，如果愿意，不妨观察一下自己的思维。万不可把现实存在的机会，当成你人生的障碍。有成就的人，和我们面对的是同一个现实，他们看到的是机会，有人看到的却是障碍，这种思维的差别，将彼此人生拉开了鸿沟。你希望成为哪种类型的人，就需要获得哪种类型的思维方式。注意你的思想，它会成为你的行动。注意你的行动，它将构成你的思想。当你意识到思维需要改善，就意味着全新的机会。

是选择决定了你的一生，而不是努力

（01）

昨天参加论坛，听了场高智力密度的报告，忽然想到了个问题：

——现在给你个机会，让你穿越回1996年，那时候正有个叫马云的业务员，刚创建中国黄页，背着挎包扫楼跑业务，可是他的业务拉得并不顺利，人家很客气但冰冷地拒绝了他……

现在给你这个机会，让你穿越回去，遇到正在马路边，满脸苦闷的马云，你打算踹他几脚？

——啥玩意儿？你肯定会失声尖叫起来：你说是20年前的马云吗？如果我那时遇到了他，铁定天天请他吃大餐，西湖醋鱼生爆鳝，麻辣龙虾水晶鸭，我要让他一天24小时吃个不重样，让他哭着抱着我说：哥，这世上只有你懂我。这样我就会成为最拉风的中国合伙人，搭上马云这班春天的地铁，驶往快乐的土豪之乡。

你多半会这么说，或这么想。

但，现实确实会有人，如果在那个时候邂逅马云，非但不会请他吃大餐，而且会照他屁股猛踹一脚。

即使你不这样做，但也不能保证别人和你想法一样。

（02）

参加团建宝的中国团建高峰论坛，多名优秀人士登台发言，印象最深刻的，是丰厚资本创始人杨守彬先生——他同时也是黑马会的副会长、投资学院院长——的讲话。

满满的干货。

简述杨先生讲话大致内容：

企业大致可分为三种，第一种是规规矩矩做生意，这类企业遵循的是牛顿定律，本本分分老老实实，做到最大，也不过是10亿美金。这类企业的特点可以判断，可以准确预期，充满了确定性。

第二类企业是做平台，平台的概念就大了，比如滴滴打车，这类企业日收几亿元不嫌多，做到顶头，100亿美元的规模不在话下。这类企业的特点是既稳健又充满了机会，属于双基因企业，是投资的最佳选择。

第三类企业，则是做生态。杨先生说，目前中国只有两家企业是标准的生态企业，腾讯和阿里，另有几家正在加入这个生态俱乐部。生态型企业掌控着时代的发展，做到千亿美元级别，亦属常理。

为了解释前两类企业的区别，杨先生特意列举了一家在美国上市的IT公司，这家公司上市时，是家平台企业，股票直线飙高。但好景不长，手机时代，多数手机商是封闭的，这家企业掺和不进去，悲哀地从平台型企业沦落为一个简单工具，导致股价飙降。于是这家企业宣称做手机，渴望找回平台时代的荣光。

投资者要投的，是第二类和第三类企业兼具的，既遵循牛顿的稳步增长法则，又充满了量子力学般不确定的机会。

听了杨先生的报告，我第一时间想到了马云，想到是些什么类型的人，才会打造出这三种不同款式的企业。

——杨先生在当晚的另一个讲座上谈到这个问题。

（03）

杨先生是在一个面向投资人、创业者的在线讲座：黑马晚八点，讲了他的第二篇报告：投资五大秘籍——主要是讲述他的投资生涯。

杨先生列举了五种创始人类型：

第一种是仰望星空型。这些人有比较清晰的使命和愿景，带着信仰创业，他们是有梦想的人、有情怀的人。

第二种是脚踏实地型。这类人没那么多情怀废话，就是趴在产品服务上，牙咬手撕，一点点地打造精品。

第三种是青黄不接型。就是忽悠，忽悠，忽悠来忽悠去，就死掉了。

第四种是生意型。没什么前瞻也没什么创意，憨头闷脑地叠加生意总量。

第五种是极客型。这属于技术狂热爱好者，不知道用户是什么，也不知道市场是什么，就是关起门来自家疯嗨。

最受追捧的。是第一种和第二种的组合，不乏情怀又脚踏实地，称之为雌雄同体，大概是能够自我繁殖，具生动创造力的意思。

——现在我们的问题是，设若杨先生所说的雌雄同体的怪物就在你的身边，你能够辨认出来吗？

又或者，你能够认出身边的马云吗？

（04）

其实，我们每个人都是投资者。

人类是群居物种，年轻时投下自己的一生，在周边寻找事业及婚姻伙伴。是这个选择决定了你的一生，而不是你的努力。

设若你在 20 年前，看到满脸落寞，被扫地出门的业务员马云，你是否能于茫茫人海中，辨认出他的能力？

——现在也一样，你选择的朋友，选择的伴侣，他们或将与你一生同行，如果你选择了马云类型的伴侣或朋友，又或是，选择了杨先生所说的雌雄同体具有强大创造力与事业心的同行者，这当然是你独具慧眼。

但问题是，你的心智是否成熟到了，愿意接受这种人生的程度？

（05）

一个小县城的朋友，曾给我讲过这样一件事：

她在北京，认识一个老乡，一家私企的董事长，事业低调而沉稳，堪称一方之豪。

这位老总，是在妻子主动离婚后，闯京城打天下的。

在小城，我朋友偶遇老总前妻，闲聊时感觉，她丝毫不知道前夫在北京的事业摊子有多大，谈起时满脸鄙夷。我朋友就问她：当初你为何要离婚呢？

对方撇了撇嘴：太能装，受不了……然后吧啦吧啦，说了对方一大堆毛病。

我朋友说，她听着对方絮叨，心里却纳闷儿：她控诉的，全都是前夫性情温和，礼貌周到，但在对方眼里，这一切太虚伪，不如像她这样粗放更爽快。

我朋友绕着说：听人说，他在北京干得不错。

吹牛吧。对方撇撇嘴：反正吹牛也不上税。哼，也不说撒泡尿照照自己的德行，你有这个好命吗？

我朋友说，这个女人，找了个千挑万选的好男人，温柔体贴又富事业心，睿智自尊又有责任感——她却嫌弃丈夫，说丈夫是夜用加长卫生巾，特会（惠）装，离异后又找个了粗鲁男人，动不动就揍她一顿。但她乐在其中，甘之若饴，感觉这才是真实的生活。

（06）

有次在粤西，我坐一个老板的车，经过一座小城。老板绕城而过，说：这里住着一个人，他伤了我，我发誓这辈子不和他头顶一块天。

老板最初的事业，就是从这座小城开始，和一个朋友住在租居屋中，每天畅谈事业理想，一谈就是大半夜。越谈越是热血沸腾，就决计干起来。

可万万没想到，到了老板拉摊子的那天，说好的合伙人却失踪了。老板一个人支撑不来，被搞得狼狈不堪，一败涂地。

惊诧的老板，到处找他的合作伙伴，找了大半个月，才见伙伴带一个女孩，满脸喜气地回来。原来这厮拐了个女孩，旅游去了。

老板愤愤地说：其实，他是故意的，他知道我们当时肯定能做起来，但是他的能力和干劲，比我差得远。所以他不希望我起来。他让我付出更多的努力，晚了两年才有起色。从那以后我们就再也不联系、不来往。我发过誓，这辈子，绝不再踏入他身边半步。

我听了，倒没什么感觉——我身边的许多朋友，都曾遇到类似的事情。于是我充满期望地问老板：他现在怎么样？

不清楚，去年听人说，还在替人家看仓库。

老板假装不在意地说，实则有点阴暗的小窃喜。

（07）

在深圳时，还听说过一件旧事，早年一个大佬，经商初期遇到骗子，现场还有大佬的一个老友。老友认识骗子，知悉根底，情面上应该提醒一声的。可是老友一声不吭，坐视大佬被人家骗惨。

那次骗局，差点让大佬万劫不复——此后大佬不齿于老友的为人，双方再无往来。

要说的是，人生发展，充满了不确定性。决定人生最终选择的，是他积淀于潜意识深处的牢固人生观。这世上不乏回头浪子，更不缺贞女夜奔。任何把人用类型固化的做法都是蠢不可及的。

——但，就概率而言，就人生价值取向而言，对人的分类，仍不失其统计学上的意义。

正如投资者在寻找开拓型创业者，我们每个人，也是依据自己的价值取向，在人生中选择对自己脾胃的友人、伴侣。

过程中，我们会不由自主地将人划门归类。

（08）

并不是每个大佬，生下来脑壳上就贴着"大富豪"3个字，但在我们人生成长，从青涩少年进入成熟期后，每个人的价值取向确有差异。

有些人始终是热血激荡的理想主义者，他们会倾注一生追寻一个遥不可及的目标，意志坚韧百折不挠。这类人必然会做点什么，是杨先生所说的仰望星空型。

第二类有责任意识，踏实苦干，如一头憨闷的牛，默默地耕耘自家二亩自留地。这是杨先生说的第二种类型。

第三种就有点长歪了，舍不得花力气，陷入自家智商高的错觉中，满大街忽悠人——他们与情怀型人士的区别是，其商业前景是极端可疑的，但这只有丰富商业经验的人，才足资研判。

第四种看起来好像第二种，但他们更保守，更缺乏事业心。这些人的普遍特点是能力有待提升。

第五种是低情商的范例。比如早年美国有个菲奇先生，他是世界上第一个发明蒸汽轮船的人。可是他情商不够，那么富前瞻的项目，他竟然硬是拉不到融资，最后血本搏尽，愤而投水自杀了。而另一个画家富尔敦，却是八面玲珑，他去英国学绘画，认识了瓦特，又把蒸汽轮船重新发明了一遍。结果现在的历史上，白纸黑字写着，轮船的发明人，是高情商的富尔敦——总之你情商不够高，历史根本不承认你。

这五种价值取向的类型，第一种是创造型或开拓型，第二种是稳健型，第四种是追随型，第三种需要提升智商，第五种需要提升情商——后两者，也包括了智商情商都需要提升的人士。

说过了，这个分类只是在统计学上才有意义——但这恰好可以用来指引人生。诸如你渴望与第一类型的人士为友，那么你就会欣赏这类人，认识三个五个，慢慢观察，发现其中有几个不靠谱，只是貌似开拓型，实际是忽悠型，而另外几个原本认为不靠谱的，却越来越靠谱。就这样去伪存真、去粗取精，最终你就会成为这类人士的同行者或友人。

是你的选择决定了你事业圈的质量。

而不是你的努力。

（09）

如果，你嘴上说想跟随 20 年前的马云，渴望搭上他的班车，吃到肚皮暴鼓，但内心并不信奉开拓型的价值人生。那么，纵然给你机会，让你穿越到 20 年前，看到满脸疲惫的马云，你也会冲过去狠踹他一脚，怒骂一声：装什么大瓣蒜？你不装会死呀！

尺有所短，人各有志。假如这世上只有一种价值观，只有一种人生，那才是最恐怖的事。有的人坚信未经审视的人生不值得过，有些人则认为喝二两小酒，穿拖鞋露肚皮坐在家门口的躺椅上看美女，才是真正幸福的人生。

不同的人生，并没有高低之分。你选择，就得到眼下的结果。

某种程度上，坦然接受自己选择的人生，是理性的——但如果，你厌憎开拓型人士，却渴望搭乘人家便利的快车，这也是人之常情，无可厚非。而如果你在这类朋友开拓时过桥抽梯，那就需要更多的耐心，等待自我和现实的改观。

不是一家人，不进一家门。不是志趣投，终究难为友。你的人生，取决于你的选择。如果不满意现状，那就必须审视自我人生观念。努力让自己成为所希望的人，才会做出更理想的选择。

你的格局之内，不能少了对人性的洞察

（01）

庄子说：北冥有鱼，其名为鲲。鲲之大，一锅炖不下……不对，鲲之大，不知其几千里也。化而为鸟，其名为鹏。鹏之背，不知其几千里也。怒而飞，其翼若垂天之云。是鸟也，海运则徙于南冥。

接下来，大鹏鸟飞过一处，下面有只猫头鹰，刚刚逮到只死老鼠。见到大鹏鸟的猫头鹰愤怒地捂住死老鼠，大声地喊：滚开，不许抢我的死老鼠，不许抢！

才懒得和见识短浅的猫头鹰计较，大鹏鸟摆摆头，振翅千里，激扬远去。

庄子说这个故事，是告诫我们后世人。这个做人呢，须得有大的格局，格局太小的人，会把自己活活憋死的。

（02）

格局这个词，简单到不能再简单，小学生都认得。

但对于格局的了解，许多老年人仍是满脸懵懂。

格局——不是如你想的那样！

（03）

1897 年，中国还是大清帝国时，美国的石油大王洛克菲勒，给儿子写了封信。

信中讲了这么一个段子：

3 个石匠，正在忙于雕刻。有人走过去问：你在这里做什么？

第一个人回答：你瞎了吗？看不见我正在凿石头吗？我真是倒了八百辈子血霉，才摊上这肮脏的工作，老子只想快点回家——洛克菲勒说：这种人，视生命为一种残酷的惩罚，他不仅不喜欢雕塑，同样也不喜欢任何东西。

第二个人回答：唉，先生啊，我正在做雕像，这活真不是人干的。可有什么办法呢？我有老婆还有孩子，如果我不努力工作，老婆带孩子跟野男人跑了，到时候人家睡我的老婆打我的娃，我可吃不消——洛克菲勒说：这种人，他的眼界也仅限于此了，养家糊口就是他全部的目标，所以他们会一生疲累。

第三个人傲骄地举起锤子，指着石雕说：先生，我正在做一件震撼人心的艺术品。等着吧，你迟早有一天会承认，这件凝聚了我心血的巅峰之作，必然是垂万世而不朽——洛克菲勒说：这个人，他目光远大，胸有格局，因而能够享受生命的每一点，每一滴。

——从大清帝国到现在，这个段子越来越火。只要说起格局，这个段子就是必须提到的。

（04）

一粒种子，在花盆里是盆栽。在缸里是绿植，在庭院中就是参天大树。

所以对于格局的理解，第一要足够大。唯其大，才能够让生活中的鸡毛蒜皮，尽显无足轻重，不至于让我们沦陷于生活的琐事之中。

第二个是要远，目光长远，才能不争眼前寸利，才能轻装上阵，走出更远的人生。

——但大和远，只是格局的两个维度。

还有更重要的第三个维度，却被许多人忽略了。

（05）

网上有个帖子，说是有家公司来了两个年轻人。

第一个大开大阖，词锋凌利，言必提大洋彼岸，语必及百代千秋。其格局之大、视野之宽广，连公司老总都撵不上。

格局这么大，那就给他件大活，把公司参加博览会的事搞定吧。

一听博览会，这孩子眼神顿时一亮，立即开谈展会经济、品牌效应，头头是道、滔滔不绝。主管急忙打断他：打住，打住，你赶紧把事情办妥，回过头来再说这些宏大的东西好不好？

办妥？年轻人茫然：怎么干？

唉，主管仰天长叹：没有实质内容的格局，那叫眼高手低！

只好把工作再交给第二个不声不响的孩子。这孩子先查了一下，发现公司以前根本没有参加过博览会，就立即打电话咨询负责展会的公司。很快了解到，对方需要先行了解参会公司的活动规模、场地大小、预估人数，而后展会公司会根据实际情况，配备相应的安保资源。

弄明白这些流程，再去找具体负责人员确定诸多要素。不过半天，这些杂事就全部搞定。

那么这两个孩子，孰高孰低，就不再有悬念了。

你的格局，万不可太空洞。

必须有真材实料来填充。

《史记》中有两个小故事。一个是说秦汉末年，项羽的叔叔项梁，率乡人起事，反抗秦暴。义军攻城略地，打下很大的地盘，于是从家乡追随起事的老乡们，纷纷加官晋爵——只有一位老兄，仍然原地踏步，做名普通士兵。

这老兄就不干了，来找项梁：老大，那啥，凭什么别人都升官，就我原地踏步啊？你这样做不公平！

不公平才怪！项梁回答：还记得吗？在家乡时，我曾委托你主持一起红白喜事，结果你给我全弄砸了。所以我知道你不是托事之人，还是做个普通士兵，跟着大部队跑步前进，这个角色更适合你。

另一个故事：和项羽刘邦同时代，有位少年，名叫陈平。有一次村庄祭祀，派陈平做主持割肉之人——就是把祭祀后的肉，切割好了分给大家。这种活是天底下第一难干的，时至今日，许多乡村分配财物时，还无法做到众人心服，只能用抓阄的笨办法——但当时的陈平，却把肉切割得方方正正，分配得公公平平。

当地父老说：唉，陈平这熊孩子，是个割肉高手。

陈平叹息：假使让我主宰天下，也会跟这割肉一样公平！

后来刘邦起事，陈平成为刘邦手下的重要人物，负责管理规则风纪，刘邦手下，无人不服。到了刘邦晚年，因为错判形势，亲征匈奴，结果被匈奴大军困刘邦于白登道，眼看就要死掉。

这时候陈平献上一条妙计：美人画。

陈平说：随便画个美人就行，给匈奴那边送去，匈奴保证会立即撤军。

你这个……是不是高烧烧坏了脑子？噢，你送张美女画像过去，匈奴百万大军，就吓得魂飞魄散急忙撤军？你自己想想，这是不是太神经了！

不神经，陈平说：这就跟割肉一个道理，赶紧画好送过去吧！

困于白登道的刘邦，全无办法可想，只好死马权当活马医，按陈平要求画了张美女图像送过去。

匈奴大军，果然见图而退，让刘邦逃出生天。

（07）

为什么陈平一张美人画竟惊退匈奴百万兵呢？

无他，陈平把这张美人画，给匈奴大单于的老婆阏氏送去了，并声称匈奴之所以围困刘邦，就是想得到图画中的美人。阏氏一听就急了，什么？老公搞这么一场浩大军战，竟然是为了劈腿偷情？这还了得，大单于你给我回家来，咱们好好说道说道……大单于后院起火，就顾不上跟刘邦较劲了。

古人称陈平这招叫奇谋——实际上是他心中的格局大，无论是割肉还是战于白登道，他都看到了大家忽视的现实博弈格局。家乡割肉时，他知道人们看重的不是自己得到多少肉，而是别人得到多少。白登之战，他知道谁是能够牵制匈奴大单于的关键人物。

——太史公司马迁说：小事见格局，细节看人品。世间本无事，一切在人心。

你的格局之内，不能少了对人性的洞察。

（08）

思维工坊创始人蔡垒磊言：格局这个东西，并没有那么高大上，不过就是我们的认知层次。

日本有个92岁的老头儿，名叫小野二郎，被誉为寿司第一人。许多人不远千里，慕名前往，只为吃一口他亲手制成的寿司。

为什么他做的寿司，这么抢手？

——小野二郎说：如果我的舌头不如客人的，那么我就做不出让客人满意的寿司！

不敢跟别人比吃的厨子，不是个好吃货！

马云成功后玩大了，和乒乓国手刘国梁一起玩。刘国梁对他说：你晓得喽，球网上加一个小小的缝，发3个球就能穿过去。当时马云就蒙了：什么缝？在哪里？我怎么看不到？我就是发一万次球，也看不见那个缝，这都是细节上的苦练。

然后马云总结说：许多人对我说：你好好厉害哦，只用了6分钟就说服了孙正义，让他给你投资——但你们又怎么知道，在见孙正义时，我已经被人拒绝过无数次了，单只是在硅谷，就被人拒绝不下40次。是被人拒绝经验的累积，才让我学会了如何让人不拒绝！

你的格局之内，不能少了日常的刻苦训练。

（09）

每个人都有格局，但最好的格局少不了三个维度：

寥廓长远的时间线，宏大全面的空间感，与用来填充格局的人性洞察与历练——最后的人性洞察与历练，是最重要的。缺少了这个，你的所谓格局就沦为了眼高手低的名不副实，沦为不堪其重的空想。

（10）

合抱之木，生于毫末。九层高台，起于累土。天下大事，必作于细；天下难事，必作于易。拥有大格局的人，并非不屑于小事。事实上，越是格局之大，越是精务于细节。

——但大格局之人，绝不会因为琐事枝节，而生出无谓的纠纷或陷入情绪之中。

所以马云说：善战者不怒，会打架的人不生气，易生气的人不会打架。竞争争的是什么？是比对手更快乐地完善自己。学会与对手相处，才是最厉害的。狮子吃掉羊，不是因为狮子恨羊，只是不吃不快乐。有格局的人不会闹小情绪，不会恨对手。

大格局有大器量，大格局有大方向。大格局让你看到别人忽略的东西，但大格局不是天然而成的，是不断的人生求索，刻苦磨炼才会形成的思维认知。

弘一法师说：前面好青山，舟人不肯住。格局不过是一个人的眼光、胸襟、胆识等心理要素的内在布局。有才而性缓，定属大才。有智而气和，斯为大智。要做到性缓而气和，需要我们对人性的研习揣摩。不经一番寒彻骨，怎得梅花扑鼻香？日日行不怕千万里，常常做不怕千万事。居于山中问沟壑，长住江边问水深，作为人类社会中的一员，却隔膜于人性，那就如同深海之鱼，却不习水性，必是条死鱼！有些人之所以泥陷于浅陋的认知而倍感痛苦，枉度此生，就是因为对世事人性的研习不足。脑子是个好东西，每人最好用起来。只需要沉下心，从工作生活的细节开始，慢慢积历，久而久之，你的格局自然形成，你的心胸自然辽阔，杂乱而纷繁的思绪，也会如春后柳絮，落地沉泥，生根发芽。落红不是无情物，化作春泥更护花。当我们的心打开，就会发现此前所历经的一切，都是功不唐捐，都会给我们人生带来意外的收获。

做人处世，到底应不应该有城府

超越自卑，获得心灵强大的力量

（01）

春秋时有个超迷你的小国家，叫郱国。

这个国家有颗玻璃心。

郱国大臣夷射姑，拎着酒肉经过宫门。王宫的守门人看到，忍不住咽下口水，就向夷射姑索要酒肉，被拒绝。

守门人勃然大怒：老子朝你要酒肉，是瞧得起你，给你面子。你竟然如此不识抬举，老子分分钟弄死你！

气愤的守门人，就弄来点水，洒在王宫的廊柱下。然后他装出没事人的样子，躲到了一边。

过了一会儿，国君郱庄公晃晃悠悠过来了，忽然间看到廊柱之下，有一摊水渍，当时就炸了：谁呀这是？竟然在王宫里撒尿！你这是拿王宫当厕所了吗？这到底是谁干的？

守门人假装诚惶诚恐地说：刚才夷射姑喝得酩酊大醉，从王宫门前晃悠过去，不过这事……

夷射姑？就知道是你！郱庄公气得连蹦带跳：快快快，派人去把他给抓来，他竟然拿王宫当厕所，杀了他，立即杀了他……

士兵出动，去抓捕大臣夷射姑。可好长时间没动静，急得邾庄公蹦跳不止：怎么还没抓到？你们是怎么回事？这么点小事都办不了，我要把你们一个个通通给……哎哟娘哎，喱，扑通，哧啦啦，嗷嗷嗷……

因为情绪太过于激烈，邾庄公蹦跳时，"喱"的一声摔倒，脸部正好栽进烧得炽热的火盆上，哧啦啦，是国君的脸部被烈火灼烧时的愉快声响。

众人大惊，急忙冲上来抢救，把国君的脸部从火焰上移开。但还是太晚了，由于当时的医疗技术极端不发达，邾庄公脸部被灼烧，因伤口溃烂而死。

(02)

邾庄公，他算是国君之中死法比较另类的。

看看这个邾国，就因为一点琐碎小事，酿成超规模的蝴蝶效应，连个暴脾气的国君都把命搭进去了。

历史上，这个国家就是这样，人人心理脆弱不堪，外界稍有风吹草动就会做出超激烈的情绪化反应。看门人这里，就因为夷射姑不给酒肉吃，就下毒手陷害。国君邾庄公这里，反应更是激烈到了无以复加，看到廊柱下的水渍就疯狂吼叫，抓人的动作慢一点都无法容忍，最后弄到个跳起跌倒，把自己烧死，这也未免太夸张了。

邾国在春秋年间出现的时间极短，从建国到灭亡，这个国家就笼罩在一片脆弱的气氛之中，似乎所有人都受了天大的委屈，稍受刺激就疯狂反击，倏兴忽灭，实属情理之中。

(03)

邾国，只是春秋年间诸多邦国的缩影，从那时代到现在，中国人始终承受着心理脆弱的困扰。

梁文道讲过这么一件事，他在香港的一家大卖场，看到个大陆客，肥肥的肚腩，宽宽的大脸，众目睽睽之下，拿了件阿玛尼，当场脱掉上衣，袒着大肚皮，就要试穿。店员急忙过来劝说：先生，那边有试衣间。

大肚男摇头：试衣间人好多，要排队的！

店员：不好意思，请先生耐心点排队好吗？

大肚男不乐意了，斜睨着店员，质问道：你是不是瞧不起咱大陆人哪？

梁文道先生说：这个大肚男的表现，实在叫人无语，明明是他自己给大陆人丢脸，却反诬别人瞧不起大陆人，这就是典型的自卑！

（04）

2014年的事情，曼谷飞南京的航班，一名中国籍女乘客要水，空姐送慢了，女乘客顿时大怒，当场将开水泼到了空姐身上。随后女乘客的同伴帮腔，谩骂、恐吓和威胁空服人员。因事态迅速扩大，恐危害航空安全，航班被迫折返曼谷，落地后更换机组，所有旅客下机。

消息称，飞机返航后，女乘客的泼劲全没有了，声称自己患有忧郁症。同伴则声称自己不懂泰语，泰警二话不说直接拖走。

最后的处理结果，滋事乘客被当地警方要求向空姐赔偿50000泰铢，另因影响公共秩序而罚款500泰铢。

2015年9月的事情，还是在泰国，曼谷机场延误，中国游客表示不满，集体高唱《义勇军进行曲》。

接下来还是2015年9月在日本发生的中国游客殴打店员事件。

（05）

36岁的中国男子荣嘉欣，携25岁女友赵昕昱，赴日本旅游度蜜月。26日晚，小夫妻来到札幌市一家便利店，要买冰激凌。未付款前，就拆开冰激凌吃了起来，店员用手势示意要求其离开，之后遭到了这对夫妇的殴打。

报道称，荣先生打伤了店员的脸颊，还抓住其头发踢踹，致其鼻子也受伤。他对警方解释说，之所以殴打店员，是因为他当时感到妻子受到了侮辱。

荣、赵夫妻二人在日本被捕，事件激起了中日两国的热议，日本电视台还嫌不够乱，制播节目探讨中国游客在日本的举止，画面中显示中国游客在富士山爬树拍照、乱扔烟蒂、捡拾火山岩等明令禁止的行为。

日本论坛一位网民留言说，这不是中国人才会发生的单一事件："这对夫妇大概觉得店员是顾客的奴隶，所以当店员提醒他们注意（礼仪）的时候才会发火，在日本这样的人也越来越多。"

中国这边，有网民表示，在中国确实有些地方的商店是可以"先吃再给钱"，吃完了会自觉拿到柜台结账——但这个解释，没有列出中国有哪些商店可以殴打店员的，所以在说服力上就明显弱了许多。

（06）

玻璃心，自卑感！

可以发现，曼谷航班上，向空姐泼开水的女乘客，日本便利店，殴打店员的壮年男，与两千多年前的郯庄公，其行为模式一般无二，都是一点点小事就暴跳如雷，做出过度激烈的反应。

郯庄公如此敏感暴躁，是因为他的封国太小，没人拿他这个国君当回事，这让他陷入了深深的自卑，对外界的蔑视异常敏感，轻轻一碰就"轰"的一声炸开。

心理学大师阿德勒会告诉你，越是自卑之人，反弹起来就越是激烈，越是表现得夸张而自大。

简单说，日本网民的评价是没错的。正是因为心里极度自卑，所以才表现出对外的强势攻击性。诸如曼谷航班上的女乘客，诸如殴打店员的男人，他们或者与郑庄公一样，希望对方视他们为一种更高级的存在、更高等的物种。但这个期望遭到现实的否定，于是他们内心就崩溃了，无法自控地做出激烈反应。

可是话又说回来，蚂蚱再小也是肉，封君再小也有国，郑庄公好歹也是一国之君，他希望大臣尊重他，不要在他的王宫里随意大小便，这个愿望有其合理性。而飞机上的女乘客，殴打店员的男人，他们又何以希望别人视他们为更高一等的存在呢？

——直白了说，他们的心里，何以如此空虚寂寞冷，何以如此自卑？

（07）

美国人彼德·海斯勒来中国执教，他发现了一件无法理解的事：

在他所居住的那座中国小城里，要修长一条大坝，一个改变所有人人生命运的大工程，但当地人却对与此相关的诸多事项，表现得极为消极，在海斯勒居住在当地的两年时间里，从未听到哪个人对此工程发表过意见。有些移民的移民款被贪官侵吞了，也没人敢吭声。海斯勒注意到，近代以来的历史教导了当地人，尽量少掺和公共事务。当地人对公共事务的疏离是如此彻底，他们既不期望也不要求获得相关信息。

海斯勒说：中国人，被隔绝在对自己生活影响最重要的公共生活之外。

正是这种对公共事务的隔绝，使得国人内心价值丧失，形成了卑微渺小的人格。

在小时候被要求听话，长大了被要求服从。没有机会参与公众事务，因而缺乏责任意识。只知道一味地服从，因而丧失了独立意志。不敢越雷池半步，不知自由精神为何物。这导致他们的条件反射系统极为发达，独立思考能力匮乏。他们的人格是虚弱的，是玻璃体的，禁不住外界的压力。而他们的自我过于微小，形同于无。这种内在的空虚反弹出夸张的举止，从极度的自卑到极度的自大——许多人终其一生，那空虚的内心始终未能得以填充。

——我们不能武断地说，曼谷航班上泼空姐开水的女士，以及日本便利店殴打店员的先生，就是这种类型。毕竟我们所读到的消息，已经经过多次转手，很可能严重失真了——但海斯勒的另类视角，有助于我们观察一个失去参与公众事务的群体的机会。

自卑之人，在日常生活中是极不稳定的。我在网上曾看到一个这种类型的人发帖。他去菜市场，问清楚蔬菜7毛钱1斤，就拿1块5买2斤。他在帖子里说：我就是要看看，菜贩是不是主动把1毛钱找给我，他找给我，我就不要了。不找的话，那我就不客气了。

当时我看到后极为惊讶，这可怜的人，他的存在感才值1毛钱。菜贩找给他1毛钱，认可了他的尊严与存在，就可以获得1毛钱的奖励。否则的话，就将面对一场挑衅与争吵——这种人活得真是累呀！因为心理虚弱而形成强攻击性，实在是让人未语泪先流，无语已凝噎。

——自卑之人，当他们在飞机上要开水时，或者在便利店买冰激凌时，要的不是开水，也不是冰激凌，而是希望你以一种不现实的恭顺填补他心理的虚弱。

（08）

自卑之人本能地会向一个庞大的存在靠拢。诸如在感觉受到冷落时唱《义勇军进行曲》，被要求去更衣室试衣时说出你瞧不起大陆人的类型。

等到他们内心成熟需要时间。

要成为一个心理强大的人，消弭内心强大的自卑意识，需要自我的惕厉，更需要外界环境的宽和。

于一个人内心而言，要想从自卑转向强大或平和，首先必须战胜恐惧的心理。要知道人类普遍性的具有恐惧意识，恐惧黑暗，恐惧暴力，恐惧暴力的威胁，等等。正是这种恐惧，压制了自我人格的成长。这期望着我们要有明确而清醒的成长意识，知道哪些要素是有助于健全我们人格，赋予我们个体尊严的。只要适度对此表示关注，我们的心灵，就会慢慢变得丰盈而柔和、强大而坚韧。

　　于外界环境而言，我们期待着更为公正、更为开明，更能够让我们的思想自由驰骋的疆域。这意味着我们能够辨识什么是真正的尊严——尊严永远是与独立相关联的，不独立的人格，绝无尊严可言。举凡削弱我们独立意识的力量，无论其外在是何等的具有迷惑性，敬而远之才是保全人格独立之道。要警惕任何凌侵个体尊严的阴暗力量，一旦你不是把自己视为独立的个体，而只是一个依附性的存在，那么下一个在飞机上拿开水泼空姐的女士，或许是你！下一个在便利店里殴打店员的男士，或许也是你。

　　自卑引发暴躁，强大才有宽和。我们需要更明晰的认知力量与更坚韧的心灵守护——只有这些，才能让我们内心获得尊严。

如何输送自己的存在感

（01）

晚清有个很大的疑案，是那种正经史学家，见之绕行的大悬疑：

疑案的当事人叫刘锡鸿，他出身于渔夫之家，凭自己的努力考中举人，入广东衙署。适逢第一次鸦片战争刚刚结束，英国人按条约要进入广州摆摊做生意。衙署群议汹汹，可是没人敢行动。刘锡鸿凭了一身勇力，率乡勇逐走英国商人，为自己在仕途上打出一点小名气。

但是，刘锡鸿终究是草根出身，没关系没人脉没势力没背景，在当地还是混不下去。恰好洋务派领袖人物郭嵩焘来广州，认为刘锡鸿这个人，人品方正，性子耿直，除了读书读得有点呆，爱较真之外，还称得上可造之材。

于是郭嵩焘带刘锡鸿去了北京，在刑部任职为员外郎。如此说起来，郭嵩焘算是刘锡鸿的恩师与挚友。不久郭嵩焘出洋，临行前向朝廷举荐刘锡鸿，让他做自己的助手，二人一道去了英国。

出国之后，刘锡鸿目睹英国之繁华，叹息道：这里，实在是个文明之地呀！无闲官，无游民，无上下隔阂之情，无残暴不仁之政，无虚文相应之事。设若我大清国也能如此，何愁国家不强大呀！

刘锡鸿的感叹，也是郭嵩焘的感叹。于是他再次向朝廷举荐，朝廷下旨，委派刘锡鸿为驻德公使。

好友升职，郭嵩焘喜形于色，摆宴为刘锡鸿庆贺。

可是刘锡鸿拒绝了，并做了一件让郭嵩焘始料不及、大跌眼镜的事情。

（02）

刘锡鸿突然向朝廷举报，称郭嵩焘是汉奸，并列举了郭嵩焘十大汉奸行径。

这十大汉奸行径，包括了郭嵩焘出席宴会，因天气冷竟然披上了洋衣。奏折中，刘锡鸿充满正义地指出：即使冻死，也不该披洋衣。

此外，郭嵩焘参加洋人的音乐会，竟然学着洋人的模样，拿着节目单翻阅。刘锡鸿指控，这是十足的汉奸行径，绝对不可以饶恕。

还有，郭嵩焘竟然想学英语，去父母之言，学夷狄之语，岂非汉奸而何物？

……

林林总总，十大罪状。

这些罪状，现在看起来好笑，但在当时却是极严重的事件。

朝臣们惊讶之下，急忙落井下石，一块冲出来群殴郭嵩焘。郭嵩焘吃惊了好长时间才醒过神来。

刘锡鸿是在有意陷害他。

十大罪状列出来，堪称一击致命，那可不是开玩笑的。若非有深仇大恨，很难下得了这个手。

可这是为什么呀？

自己可是没一点对不起刘锡鸿的地方呀！

不唯郭嵩焘困惑，此后的修史者碰到这个地方，也都是一个劲儿地抓头皮，咦？这是为啥子呢？嗯，为啥子呢？

有人猜，这个刘锡鸿，会不会是朝中保守派安插在郭嵩焘身边的眼线，专门为陷害郭嵩焘而来的？但细观刘锡鸿生平，他在整个朝廷，就郭嵩焘这么一个朋友，朝中根本就没人搭理他。构陷郭嵩焘是他自觉自愿自动自发的行为。

那么，是不是这个刘锡鸿实在是太爱国了呢？

这个理由更扯！这个刘锡鸿，虽然他年轻时有过驱逐英国商人的革命史，但他人在朝中，又放洋出国，早就把一切看得透透的。这大清国又不是他家的，当时无论是官还是民，都只不过是指猪骂羊指狗攒鸡，借着反洋人的热劲，趁机构陷自己的仇家罢了。所以，没有一个史学家认为他指斥郭嵩焘是爱国的表现，但他究竟因何与郭嵩焘结怨，这怨气如此深重，竟然压倒了郭嵩焘对他的帮助和善意，这就让人无法理解了。

这个秘密，大概只有最熟谙权力规律的慈禧心里明白。

（03）

慈禧传懿旨，郭嵩焘并刘锡鸿双双革职。郭嵩焘需要认真反省、总结教训。其所记载的西洋风俗人情《使西纪程》彻底毁版，列为禁书，连皇帝也不许偷看。刘锡鸿信口雌黄，胡言乱语，一撸到底，打回原形！

郭嵩焘经过这么一场风波，算是被慈禧太后保下了。至于刘锡鸿呢，他本是贫家子，无产无业，这次被打回原形，连生存都成了问题。一个人孤零零地病死在小黑屋里。

刘锡鸿活了一辈子，就郭嵩焘拿他当朋友，他却突然反咬郭嵩焘一口，结果落得个身败名裂。可他究竟为什么这样做呢？

没人知道。

（04）

我有个兄弟，姓卢，仪表堂堂，为人四海，能力过人，在一家上市公司做得风生水起。几年前，他就瞄着董秘的位置，这个位置可不是一般人能拿下的，那需要绝高的人际技巧与含蓄优雅的教养。但是他很有信心，一直处于冲刺中。

两年前，他有个大学时期社团里熟识的学弟，公司破产落魄了，就向他求助。他帮忙把学弟招入公司，怕学弟适应不了大公司复杂的人际关系，就带在身边。据他说学弟也很卖力，有什么事交给他，放心。

就这样，到了今年上半年，董事局正准备开会讨论董秘的人选，会前突然把他叫了去，在座的董事们脸色都很凝重，一个劲地追问他和学弟的关系，开始他还懵懂，以为学弟惹出了什么纰漏，还不停地替学弟说话。可问到最后他才知道，学弟找到董事长，把他给举报了。

举报的事由，无非滥用职权、挪用公款，再就是和几个女同事的关系不清不白，诸如此类。

当时他如雷轰顶，完全不明白他到底哪里惹到学弟了，居然背后给了他这么一刀。所指控的罪名对他并无影响，所谓滥用职权挪用公款之类，都是有上面许可的。和女同事的关系也容易说清楚，能够在上市公司立足的，哪个没点背景？

只不过，他的董秘算是没戏了。这件事也证明了他还不具备董秘的能力，连这么点识人的眼光都没有，就算爬到这个位置上也干不长。

倒是学弟惨了。公司公开表扬之后，就把他安排到一线，重体力强挤压，存心折磨他。学弟坚持了一段时间，实在撑不下去只好弃职走脱，恢复到此前的落魄状态。

事情早已尘埃落定，影响也基本上消除。但卢兄心里仍然如鲠在喉，想不明白呀，好端端的，学弟为什么要玩这种两败俱伤的游戏呢？

（05）

听朋友讲了他的事情，我也给朋友讲了刘锡鸿与郭嵩焘交恶的故事。

我说，不能确定你遇到的事情，是否和历史上的刘郭之事类同，也许有些很重要的细节，你认为不重要，但实际上主导了你学弟的行为。我们只能假定你的描述如实，那么我们就会注意到，这两起事件，有着相同的人际关系格局。

什么叫人际关系格局呢？

就是人与人之间的社会关系定位。人性是隐秘的，但又是共通的。一旦人际关系格局相同，就会受共同的人性规律所主导——历史上，几乎每个留名于史的人物，都有通过人际关系格局推演事件进程的能力。没这个能力，你远在天边的一个小官吏，凭什么一纸奏折，就能说到皇帝的心坎上？没有这个能力的人，是做不了大臣的，最多只是个小官员。

大臣之大，大就大在这里。

现在也一样，不好拿个董秘比之于古代的大臣，但古之大臣和上市公司的董秘，职能是相通的。不要求你英明神武干出什么惊天动地的事业来。但要求你能摆平人际关系，让职场或官场的人际格局，呈现有序运行。一旦发现人际关系格局有隐患，立即着手加以消除。没有这个能力，只想揣摩董事长的心思，是做不了董秘的。否则，就算你做上了，也会面临着四面起火、处处麻烦的局面。换个懂得理顺人际格局的人来，他就会平平安安、庸庸碌碌、清闲无比地过舒坦日子。

就拿晚清刘锡鸿与郭嵩焘的事件来说，历史学家为什么一头雾水，弄不明白刘锡鸿为何向郭嵩焘发难？只是因为这个原因，不在明面上，而在人心里。

这个人心，就是职场人际关系格局不稳定而导致的人心失衡，合作崩裂。

我们来看看这个刘锡鸿，他最大的特点是什么？

是存在感太弱！

他是贫家子，又不谙官场规则，一个人孤零零地走在仕途，没势力没背景没靠山没人脉没关系没积累，甚至连能力都不足，这导致了他长期以来被人蔑视忽视无视，在众人眼里，他是不可见的，这种无视严重地伤害了他那颗脆弱的心。

郭嵩焘帮助刘锡鸿，提携他，这是没错的。但问题是，郭嵩焘这个人，论能力是不亚于曾国藩、李鸿章的，但对于官场人际格局这事，曾国藩和李鸿章是无师自通，但这两人却从不肯告诉郭嵩焘。结果，这郭嵩焘一辈子都是个争议人物，几乎天天被卷入各种风波中，活得特别累。

对存在感太弱的人，诸如刘锡鸿，郭嵩焘真要想帮助他，首先要给他个事务性的工作，让他对事件而不是对人抒发内心里因存在感过弱而积淤的心理能量。通过具体事务证明他的能力，再慢慢地让他往上走，经过一段时间的调整，就可以心态平和地处理人际关系了。

郭嵩焘之错，错就错在他带刘锡鸿出了国。好家伙，两个人未出国时，还可以在家宴等私下场合相对饮酒，靠斥骂朝中同僚俱是酒囊饭袋，聊以弥补内心的存在感不足。可是他们出了国，郭嵩焘是洋务高手，到了国外就是他的主场，他顺风顺水如鱼得水，存在感获得了极大满足。

可是刘锡鸿呢？他一句洋话也听不懂，他上哪儿找存在感去？

只能来郭嵩焘这里找。

刘锡鸿攻击郭嵩焘，不是他人品太渣、忘恩负义，而是他非如此做不可。不如此，他的存在感就彻底消失。存在感彻底消失的人，跟死就没什么差别了。后世的史学家及郭嵩焘本人，只知道责骂刘锡鸿窝里反的龌龊，可谁又想到过他内心的痛苦？当他开始收集郭嵩焘的罪状拼死一击之时，他的心已经是生不如死了！

职场情场官场交际场，只要是人待的地方，对方的存在感，就是你必须考虑的事。

几年前，社会上还有潮流，保护女性反对冷暴力。这个冷暴力，特指家庭中的男人无视妻子的存在，折磨妻子。这种无视，让女性的心灵受到了莫大的伤害，甚至是一种生不如死的伤害。因为一个被无视的人，一个存在感丧失的人，就会失去在这个世界上的所有希望。

而人们之所以需要交际场，除了青年男女的正常求偶之外，还因为人们需要从外界获得存在感。所以你会看到夜幕下的酒馆里，坐着一群群的成年人口沫四溅地在吹牛。不是大家喜欢狂吹，只是所有人迫切地需要存在感，没有钱还可以对付，没有存在感那是连对付都没法对付的。

（06）

世上的人，普遍的缺乏存在感。职场情场官场交际场，更是时刻上演着存在感争夺大战。而我们写这个故事，就是要告诉大家：

第一，你需要强大的心灵力量，以抵御外部世界给予的存在感不足，同时把自己作为能源，为别人输入存在感。

第二，存在感太弱的人，是危险的，需要我们善加珍护。你必须知道，怎么样才能帮助对方获得存在感。如果你帮助了对方，你就会发现自己对人性、人生及职场，有了更深刻的洞察及认识，这时候你就不会再在意存在感了，因为你已经从自己的心灵获得了强大力量。

第三，学会认知人际格局，但不要期望好的人际格局，会对你有什么帮助——除非你想问鼎企业高管，又或者独家创业做老板，那么你就知道安排什么样的人际格局，最有利于你的事业——但对我们大多数人来说，好的人际格局能够让你避免无谓的冲突，静下心来做点自己的事。

生命有限，时光短暂，我们只是普通人，只想快快乐乐地过一生。对于任何有可能影响我们的生活与心情的枝节，花点时间适当维护，有助于保持我们心灵的安宁。

草率的善良，不过是精密的邪恶

（01）

先来道智力题。

话说西汉开国，有文景之治。文是指汉文帝，景是指汉景帝。

文景之治的意思，就是说这俩皇帝特别好，发展经济，爱护百姓，强大了西汉国力。

汉文帝一个很大很大的功绩，是他废除了肉刑。啥子叫肉刑呢？就是触犯刑律的人，被判决剁掉一只脚，挖去膝盖骨，或是割掉睾丸啥的。话说汉文帝听说满大街都是没脚少鼻子的人士，陛下恻隐之心顿生，下令废除肉刑，改以笞刑。

这条政令甫出，史书官疯了一样欢呼，对汉文帝拼命点赞，称其为古往今来少有的明君。

——但等汉文帝前脚一死，后脚史书官突然变了嘴脸，吞吞吐吐地说：其实……其实……其实汉文帝这个人吧，很差劲很差劲，他所谓的废除肉刑，对老百姓一点好处也没有，反倒冤死不计其数的人。

咦，废除肉刑，明明是好事呀，怎么会反倒冤死无数的人呢？

怎么回事呢？

（02）

今天说的，是直线式思维。

直线思维这个东西是很要命的，它也是人们通常说的"没脑子"。

直线思维最经典的案例，莫过于鲁迅先生笔下的阿Q，读过《阿Q正传》的朋友应该记得，阿Q年纪大了，感觉自己应该成家了，有天正在赵老太爷家，听帮佣的吴妈八卦，阿Q突然间冲过去，往吴妈脚下一跪，大叫一声：吴妈，我要和你困觉。

啊，当时吴妈吓呆了。

我要和你困觉！阿Q坚定地重申自己的合理主张。

男大当婚，女大当嫁，阿Q想睡吴妈，这是正常的。

但阿Q先生，没有受过求偶心理学的教导，脑子里一根筋，既然我想和女人困觉，那就直接说出来，这有何不妥？说这句话时，阿Q的脑子虽然稀里糊涂，但还是有点小得意的，看看咱，那叫一个耿直，那叫一个率真，心口如一呀！比你们这些伪君子强多了。

耿直，率真，心口如一，是指一个人的内心，应该与外在表现一样优雅斯文，而非指外在与内心一样龌龊。如阿Q这般，见到感觉不错的女人就冲上去，直眉愣眼对人家说：我要和你睡觉……这个叫缺心眼，直线思维。

许多缺心眼的直线思维人士，把自己的愚蠢说成是耿直率真，成功骗过自己并希望也骗过别人。但这招是不管用的，缺心眼就是缺心眼，直线思维不过是公狗的智力水平。只有公狗才会见到母狗立即扑上去，人类需要绕个弯的。

人类为什么要绕弯？凭什么不能像公狗一样直扑过去？

因为人是高等动物，有尊严，有羞耻感。尤其是求偶这细腻活，一定要照顾到女性微妙的心理感受。如阿Q这类的公狗式直线思维，在人类社会是很难混的。小说中的情节大家还记得，阿Q被赵老太爷一家，手持粗大的顶门杠，

202

狂撺狠削，但打到这份儿上，阿Q先生的直线式思维，仍是不动如山。结果到了书的末尾，阿Q先生被人家"咔嚓"一声，把脑壳砍下来了。

他是蠢死的！

动物性就是直来直去，但人性则不然。人性一定要顾及对方的尊严与羞耻感。同样是求偶，阿Q先生一句"我想和你困觉"，尽显公狗水准。而诗人徐志摩来一句"我想和你一起起床"，嘿，同样的内容，不同的表述，阿Q那里只有动物性，而徐志摩这里却给人一番绮丽的梦想，因为他在表述中照顾到了对方的尊严与羞耻感。

你很难拒绝徐志摩——不管你是男是女。但你也同样很难消弭对阿Q先生的杀机。只因为你在徐志摩这里，感受到了无尽的荣尚与快感，而在阿Q的直线思维面前，却只有满腹的羞怒。

以前的课本，把阿Q先生归结为说不出名堂的类型，避而不提他在吴妈面前的直线思维，硬说鲁迅先生哀其不幸，怒其不争——实际上，直线思维的人每天都在争，但直线之争仍不过是直线，理性思考什么的还得慢慢来。

（03）

之所以突然说起直线思维，是因为前几天时，我针对一个硬把黄晓明和屠呦呦拉扯到一起的帖子，说了几句话——不是几句话，是个老长的帖子，结果就有人在评论中指责：你在为黄晓明说话。

——看看，什么叫直线式思维？这个就是。

明明是在为你说话，你硬是听不懂，千万不要把自己的智力，囿于只能听得懂阿Q的"吴妈，我要跟你困觉"这个状态，这个状态不好玩，会把自己憋得透不过气来的。

还有的评论指责，你为金钱站台！

为金钱站台有什么不对？老雾所言，没一句超出中学课本，如果你只是个没有权力背景的小民百姓，那就永远不要对金钱存有偏见。你要怪自己对金钱的掌控能力不足，捕捉不到足够数目的金钱，而不是痛恨金钱这无道德属性的东西。若然你只是个百姓，不能够凭借权力作威作福，那么只有金钱才会改变你的命运，让你享受到人生尊严。要不然照你的意思，痛斥金钱、取消金钱？真要取消了金钱，那权力就是这世界唯一的通行证，你没得权力，就会被权力摁死在农田中，这辈子也甭想上网来秀你的直线式思维。

这些评论，就够直线的了。不想朋友圈中，又冒出来个直线帖。

（04）

开头的故事，汉文帝废除肉刑，却造成了无数的人冤死，何以如此呢？

因为，汉文帝废除了肉刑，犯罪人士就改为笞刑，改打板子。以前该剁脚的，改打五百大板，以前该挖膝盖的，改打七百大板。以前该割睾丸的，改打一千两百大板。

好，打板子，虽然有辱尊严，但总比剁脚挖膝盖什么的进步多了。

那就打吧。

我打，我打，啪，啪，啪啪啪……不对呀，还没打到两百大板，犯人已经被打成泥状，活活打死了。

哎呀妈，肉刑改笞刑，改得太重了。

这可咋办？谁去跟汉文帝说一下？

可谁敢呀！汉文帝政令下来，山在欢呼海在笑，喘气的人把舞跳，英明神武汉文帝，废除肉刑呱呱叫……大家正在这儿载歌载舞，你突然跑进来，说：陛下，那啥，你好像有点神经，新的笞刑，比之于肉刑更恐怖……你敢这样说？不想陪陛下快乐地玩下去了？

所以这事，没人敢说，那犯人可就倒霉了，许多跟死刑不沾边的小罪，上来就被活活打死。就这样，汉文帝时代，许多轻罪之人惨死于酷刑之下，大家都知道，但谁也不敢吭气。等到汉文帝死了，大家才敢把话说出来。

汉文帝干的事，听起来善良无比，但草率的善良，不过是精密的邪恶，无数轻罪之人，在他的时代死于刑杖之下。而最恐怖的是，人人都知道，却心照不宣地缄口不声，直到汉文帝死后才加以调整。可是那些被打死的人，已经是冤沉海底——这个事件告诉我们，永远不可对权力疏于警觉，权力哪怕是稍微错位一点点，下面就是无数冤死的百姓！

这个社会，不是直线的。举凡直线式思维，必然沦为社会转型的牺牲品。

人一旦陷入直线思维，大脑基本上就废了。这类人表现为极端情绪化，固执地对抗这个世界的非线性法则。如不能摆脱那根过于敏感的神经控制，就很难形成成熟的理性思维。

要摆脱直线思维，先要学会从经济学的角度看世界，从经济的角度看每个人，要知道你的敏感神经什么的，在别人眼里屁也不值，别为这事大叫大嚷。冷静，淡定，把注意力集中在你的人生责任上，尽量减少情绪化反应，因为举凡情绪化，都是直线的。而这个世界偏偏非直线——要不你干脆这么想好了，正是因为摆脱了直线思维的控制，人类才进化为人类。你在这个世界上，是你自己和家人的一切，你有责任保护好自己，不要沦为直线式情绪的发泄罐。要让自己像经济学家那样思考，像诗人那样说话。除非你能够成熟起来，细腻地照顾到别人的心，否则，这个世界不会为你提供舞台。

为人处世，到底应不应该有城府

（01）

战国年间，齐国的政权，被田成子所控制。大夫们在他面前噤若寒蝉。

大夫隰斯弥到田成子家汇报工作。田成子说：不急不急，咱们先登台看看风景，养养眼。

登上田成子家的高台，四面望去，有三面视野辽阔，但南面却被隰斯弥家的树，遮住了视线。

田成子一言未发。

隰斯弥回到家中，立即下令家人砍树。

刚刚砍了几斧，隰斯弥又下令停止。

家人问：大人，你有个准主意没有？忽砍忽不砍，朝令又夕改，不嫌累得慌吗？

隰斯弥道：人生最大的危险，是知道权谋人物的心事。所谓察知渊鱼者不祥。田成子欲夺国政，杀心正炽。他嫌我家树碍眼，却没说出来。如果我砍了树，就危险了。

所以这树不能砍。

——这是个关于城府的故事。一个心灵生茧的故事。城府城府，城池幽深，府院阴暗，一个人如果城府太深，就会像隰斯弥这个人一样，活得那叫相当的累。

所以许多人说，难得糊涂——但如果，你真犯了糊涂，那就死定了。

（02）

明朝时，有个大臣叫韩雍。

他巡视江西，忽报宁王的弟弟来了。当时韩雍脸色大变，立即吩咐下人：就说我病了，让他在客厅等一会儿。再派几个人，要腿快的，赶紧把各个部门的官员，全部请来。还有，准备一张白木桌，听清楚了没有？

忙活好半晌，韩雍这才假装病得半死模样，让人搀扶他出来。

宁王的弟弟一见到他，立即说道：韩雍，我是来报告我哥哥宁王谋反之事的。

啥？韩雍假装听不清：你说你刚在哥哥家吃饭来？

不是，宁王弟弟大声道：我是来报告我哥哥宁王谋反事情的。

没错没错，韩雍笑眯眯地说：你果然说的是刚刚从你哥哥家里吃了饭来，原来我的耳朵还没聋。

没聋才怪！宁王弟弟气得半死，大声喊：我是来报告我哥哥宁王谋反之事的。

你看你，韩雍失笑道：就在你哥哥家里吃顿饭吗，你非要说这么多遍……

这人耳朵塞鸡毛了？宁王弟弟气得半死：怎么连人话都听不懂！

下人适时呈上白木桌，再递过来一支笔，让宁王弟弟把他要说的话写在白木桌上。

啥子？韩雍看着白木桌上的字，一个一个地念：你报告你哥哥宁王要谋反。可了不得，这是大事，本官立即向朝廷奏报。

（03）

韩雍把事情报上去，朝廷立即展开调查。

可万万没想到，宁王弟弟前番报告哥哥要谋反，是因为和哥哥闹了点情绪，一怒之下就要灭了哥哥。可最近哥哥满足了他的要求，兄弟俩已经化解积怨，和好如初了。

调查使者来到，宁王正和弟弟在一块泡澡按摩。闻说韩雍奏报，宁王弟弟顿时大怒，厉声道：这个韩雍，他怎么可以乱造谣？造谣一时爽，全家死光光！你看看我哥像是要谋反之人吗？再来看看我，像是诬告哥哥谋反之人吗？

这个……还真不像。使者赶紧回去，向朝廷报告。

得报宁王兄弟和睦，根本没有谋反之事，朝廷大怒，一条索子，就把个韩雍捆成粽子样，要追究他唯恐天下不乱，公然制造谣言离间皇亲骨肉的罪行。

韩雍出示了宁王弟弟亲笔写的那张白木桌，请大家看清楚，到底是他造谣，还是宁王弟弟说了这话又不承认了。

看到白木桌，皇上悻悻地说：原来你早料到宁王弟弟会翻牌，所以预先留下了证据。算你运气好，就不砍你脑壳了。

——这也是个关于城府的故事。如果你要问，城府这东西到底有什么用？这个故事就是答案。

世事反复，人情冷暖，今是昨非，食言自肥——人都是善良的，但又难免情绪化。情绪上来，那是天不管地不顾的，什么话都敢说。气头上你敢不当真，那就死定了——但当情绪过去，你再当真，嘿嘿，你还是死定了。

当真你死定，不真死更惨。人性不确定，变化太无常。没有城府的人，早早就被淘汰了。留下来的，就是这样一个个明哲保身的故事。

——但有时，环境也不确定。这时候的城府，可能非但保不了身，反而带来更危险的后果。

（04）

鸦片战争前夕，钦差大臣耆英，赴两广办理外交，与英人交涉。

港督德庇时和驻港英军司令，为耆英举办了盛大的宴会。宴会上，耆英端着酒杯站起来，说：我以清朝武士的信仰发誓，只要对中国外交还有发言权，两国的和平繁荣，将永远是我最大的愿望。

英国人热烈鼓掌。

此后的日子，耆英更加开明、更富魅力。他在驻港英军海军司令举办的酒会上引吭高歌，带有磁性的浑厚男中音，听得英国人心驰神往。

接下来，耆英开始打通关，与每位英国军官碰杯，并各唱歌一首，虽然为人如此随和，但分寸把握得恰到好处。耆英的风度与胸襟，秒杀英国佬。

就这样被彻底征服，英国人都成了耆英的粉丝。

——然而，没过多久，英国人不无惊讶地发现，他们看到的这一切，竟然是精心设计的假象。耆英的城府之深，把中国人和英国人，全都绕了进去——绕进了一场惨烈的战争之中。

（05）

鸦片战争爆发后，英国人占领了广州，查抄官方档案，查到了耆英给朝廷的秘奏。

翻译成洋文一看，英国人全都惊呆了。

在耆英写给朝廷的密奏中，凭空编造了许多不存在的细节，对英国人进行人身攻击。洋人拿他当朋友，他拿英国人当傻瓜。此犹罢了，最令人难以置信的是，他曾当面承诺英国人进入广州的日期，可这事，还有许多其他的承诺，竟然在密奏上一字不提。

敢情这老兄，是两头忽悠。

当时英国人差点没气疯，不承想，天津谈判时，朝廷又隆重推出耆英，出场与他的英国老朋友们会谈。当时英国人就炸了，说啥也不干，扬言只要耆英这厮在场，大家就不谈了。要谈，先让耆英滚蛋。

朝廷无奈，只得让耆英自己去死——赐死。

若不是耆英如此任性，历史不会被弄到这么僵硬。

但耆英非要这么玩不可。

因为这个叫城府。

城府，就是让你英国佬，摸不清楚俺心里真正想的是什么。

而且，英国人也确实没摸到。

没摸到，那就干脆不摸了，打你一顿再说。

——可知城府这个东西，被斥为糟粕也不是没有依据的。这东西说来害人呀，不管是历史上近代还是现在，在城府面前吃亏的人，绝对不是个小数目。

（06）

城府这个东西，是相当讨人嫌。我有个技术型朋友，几年前就栽在这上面。

当时，他在一家现下极有名的 IT 公司，专业能力目无余子，工作水平睥睨四方。唯一的缺憾就是他年轻，嘴上没个把门的。

有段时间，公司的经营出了点麻烦，私下里纷纷传言，说公司撑不住，要倒闭了。

倒闭没关系，但遣散费什么的，这总得给几个吧？几名老成的同事，义愤填膺地聚在他身边，如往常一样叨咕。虽是叨咕，但话说得半藏半露，直到他憋不住，喊出一声。

好了，这就上套了。

几天后，公司的资金到账，拖欠的工资奖金全部补发。而他却被人力资源部门找去谈话，就一句：新的劳务合同，公司就不跟你签了。

他被扫地出门。不久公司上市，那些城府极深的同事瞬间变身土豪，只有他还要继续打拼奔波。

逢人只说三分话，未可全抛一片心。城府，城府，他说：城府这个东西，太坑爹了！

为人处世，到底应不应该有城府？

这是他的疑问。

（07）

城府这东西，它不是无缘无故出现的。

它是一元社会、严苛环境的必然产物。

一元社会，就意味着没有选择，不像多元社会那样，合则留，不合则去。一元社会只有一条路可走，而且必须走到黑。

严苛环境，不宽容，稍有错失就意味着被淘汰。比如第一个故事中的隰斯弥和第二个故事的韩雍。那是一个没有选择的世界，也是一个不允许有丝毫闪失的世界。没有城府真的混不下去。

——但轮到晚清的耆英，这个游戏就玩不下去了。因为英国人玩的是商业规则，所以耆英无奈出局了。

——既然是商业规则，怎么现在还会有懵懂的年轻人，折在城府规则之下呢？

周邦虽旧，其命维新。我们这个社会，在过去的 30 年里，以迅雷不及掩耳之势完成了工业化进程，城市化也进行得七七八八，但人的心态仍然处于旧农耕时代。

这是新旧规则交织的时候，也是最难熬的辰光。

这个时代，你玩商业规则，会被有城府的人搞死。可如果你玩城府，又会错失无限量的商业机会，最终如耆英一般被残酷淘汰。

是新亦忧旧亦忧，你说这可咋个整呢？

（08）

说这个时代最难熬，另一层意思其实是——这个时代，也是机会最多的时候。

你可以厌恶城府，但千万别掩耳盗铃，以为自家眼睛一闭，这东西就不存在了。首先，你必须知道，城府在当下时代，还有广泛的市场。只要一元的环境存在，无可选择的现实，就会催熟许多有城府的人士。他们就在你身边，用城府极深的眼睛盯着你，你气死也没用。

其次，你要知道，城府这东西，在僵死的环境中保身可以，阴险地用来清除竞争对手，也屡见不鲜。但城府不具备再生产能力，更没有创新能力，它就是个古旧保守，暮气沉沉。所以，我们更应该关注的，还是新经济环境下的变量与机遇。

再次，你应该知道，现下中国的社会结构，与隰斯弥时代，与韩雍时代，与耆英时代，已经截然不同。城府的有效应用区域，已大幅缩水。曾遭有城府的人算计过的，多半是有错在先。说到底还是年轻稚嫩，不珍惜难得的机会，所以出言无状，授人以柄。只要你珍视每一次机会，城府之类的就无伤于你。

最后，商业时代，其实也不是全无城府。只不过，这时候的城府，所表现的就是商业法则的精通。早期中国人与外商谈判，屡屡吃亏，就是因为商业城府——正确的说法是商业经验不足。所以呢，传统性的陈腐城府没必要理会，但新时代的商业法则，一定要用心揣摩。多掌握一点，你的自由空间就大一点。

总而言之，最美好的社会，大抵不过是透明纯净，简单明晰。隐秘的法则越多，人越是不适应，越是痛苦——但一个透明纯净的人，绝不意味着蠢萌肤浅，任何时候你混淆了二者，那就可能支付昂贵的试错成本了。

总是遇到麻烦，多半是人有问题

（01）

先讲个故事。

有位教授，是教伦理学的。他每周去课堂，要经过一个池塘。

这一天，教授正匆忙往教室里赶，忽然听到池塘里传来凄厉的惨叫声，转头一看，原来是条小狗，掉进了池塘中。爬不上来，眼看要溺死了。

教授急忙过去，把狗捞上来，说：小家伙，你不是会水的吗？怎么把自己淹成这个惨样？把狗在清水下冲洗干净，然后教授匆匆往教室里跑。

到了教室，已经迟到了，100多名听课的学生，非常不满地望着他。

教授解释说：不好意思同学们，是这么个情况，那啥，我来的路上，遇到条狗掉进池塘里了……他把情况一讲，同学们非常感动，热烈鼓掌，还有的学生高声喊：教授，你好有爱心，我们爱你……

多好的孩子呀，知书达礼的。教授非常欣慰。拿起书本开始讲课。

因为这件事，教授在学生中大获好感，被誉为最有爱心的好教授。

过了一个星期，教授匆匆又去上课，途经池塘时，忽然听到惨叫声，教授扭头一看，惊讶当场：咦，你不就是上次那条狗吗？怎么又掉池塘里了？

（02）

教授再次到池塘边，把快要溺死的笨狗捞上来。简单冲洗一下，赶紧去给同学们上课。

这一次，他又迟到了。教授满怀歉意的，把情形跟同学们一说，同学们的脸色，就有点难看。

下课后，同学们议论起来：咱们的教授是怎么回事？他是不是跟那条狗有什么秘密交易？怎么那狗总是掉池塘里，而且总是被教授碰到？如果为这事教授经常迟到，耽误我们这么多人的时间，我们要向校方投诉。

听到同学们的议论，教授感觉很难堪，不声不响地离开了。

又过了一星期，教授又急匆匆来上伦理课，走到池塘附近，又听到了那条狗凄厉的惨叫声。

当时教授就蒙了：这事可咋整？

（03）

教授陷入两难之中。救狗吧，会耽误上课，学生们肯定会不乐意。如果不救，万一这条蠢狗淹死了……

忽然间教授灵机一动，有了，我给校工打个电话，让他快点把狗捞出来。

于是教授一边打电话，一边匆匆往教室赶。这一次果然没有迟到，教授如释重负，就拿起书本开始讲课。

正讲着，忽然间外边有人敲门。教授扭头一看，顿时愕然。

门口，站着愤怒的校工，拎着条淹死的狗。就听他大声质问道：打电话给我的，是你吧？你是伦理学教授是不是？你明明眼看着狗掉进池塘里，举手之劳就能够救这小东西的性命。可你干了些什么？你居然袖手旁观，只是给我打了一个电话。我匆匆赶到，看到池塘里泡着一条死狗。教授，你当时哪怕有那么稍微一点点的人性……唉。

就在教授目瞪口呆之际，就听"轰"的一声响，上课的同学们全都站了起来：

教授，想不到你是这样的人，你害死了一条小生命，还有什么资格给我们讲伦理学……

不是……那啥……教授彻底傻眼了。

（04）

下一堂伦理课，同学们当场向教授宣读了一纸声明。

声明指出，教授，他本人必须对一条可怜狗狗的生命负责。他有能力救这可怜的蠢货，可最终教授选择了袖手旁观。

有鉴于此，所有同学一致认为，教授之行有悖师德，有悖于伦理学的任何一个理念或观念。因此，同学们有权利要求教授对此给予解释，否则……

不是……那啥……这意外的事件，一下子让教授乱了马脚。他拼力地解释，他之所以不救这条狗，不是他冷酷心肠、毫无人性。恰恰相反，他已经救了这条笨狗两次，就因为这个，所以上一次同学们好不乐意，声称他要是再救这条狗耽误上课，就要投诉他，所以他才……

但是同学们反驳说：教授的解释，不过是强词夺理，不足以服人。请问这位教授是教什么的？没错，是教伦理学的。伦理学难道只是些空洞的理论吗？当然不是，它包括了悲悯与关爱，包括了人性的温暖与互助。而教授在整个事件过程中，丝毫未顾及一条鲜活的生命——虽然那只是条笨到出奇的狗，但生命就是生命，这事没法妥协——教授所想到的，所做的，只是想方设法推卸自己的责任，丝毫未考虑过把他教导的理论贯彻实践。

这样的教授，他够格教导我们吗？带头的同学高声询问大家。

够格——同学们齐声回答——才怪！

不是……那啥……你们不能这样……可这时候，无论教授说什么，都已经太晚了。从此同学们拒绝再上他的课，让这位教授全无办法可想。

绝望之际，这位教授向他的同行们求援。他讲述了事情的详细经过，并问：我的同行们，你们说，我究竟做错了没有？

——当然错了，而且是大错而特错！

（05）

教授与狗，是 10 年前英国伦理学大案，引发了当时学界的无限焦虑。许多大师级别的学者加入进来，争执得面红耳赤。

这个故事，可能很多人心有戚戚焉，有些人也曾遇到过类似的事。

网上有个流传甚火的帖子，以男女对话的方式展示这种难局：

男："亲爱的，陪我去健身房好吗？"

女："你是在说我胖吗？"

男："如果你不想，就算了吧。"

女："你是在说我懒吗？"

男："宝贝，你冷静点好吗？"

女："你是在说我像个疯婆子吗？"

男："我不是这个意思。"

女："你是在说我爱说谎吗？"

男："好啦，你不要去好啦。"

女："等等，你为什么一个人去健身房？"

这段对话，用来比喻女性的情绪化，是不是妥当，不是太清楚，但这个笑话中的原理，在网络广泛传播中完全被过滤掉了。

实际上，这是个很严肃的人生问题，也是我们每个人，终生要面对、无以逃避的现实。

这个现实就是——人的情绪复杂多变所带来的不确定性。

（06）

前几天，我在微信中写了一个故事：明朝时，大臣韩雍巡视江西，宁王的弟弟登门来见。韩雍知道事情不对，立即假装患病，让人准备一张白木桌。果然，见面后，宁王的弟弟立即控告哥哥要谋反。谋反可是大事，但韩雍却假装自己耳朵聋了，听不清。宁王的弟弟无奈，只好将控告写在白木桌上。

韩雍立即将事情上奏朝廷。朝廷追查。可不承想，当查缉使者到来时，宁王的弟弟，已经和哥哥和好了。前者之所以控告哥哥谋反，就是因为兄弟俩交情闹掰了。现在兄弟和好如初，弟弟就否认控告之事，反指韩雍造谣。

结果韩雍系狱，幸好他早就知道宁王兄弟的难缠，事先准备了白木桌，以宁王弟弟的亲笔诉状，证明了自己的无辜。

在这起事件中，宁王的弟弟，心里根本没个准主意，完全是情绪化的。而且，举凡情绪之人，情绪反应都是异乎寻常的强烈。更要命的是，情绪会随着外界的否定，而超猛烈爆发——简单说就是，如果韩雍不接受宁王弟弟的控告，宁王弟弟就会连同他一块告。他一个平头小官，被装进谋反大案中，必然是有死无生。反之，他如果接受宁王弟弟的控诉，宁王弟弟就会否认，仍然陷韩雍于危险之中。

而韩雍之所以保全性命，是因为他知道宁王弟弟的情绪变化，知道自己无论怎么做，都死定了。

所以，韩雍以退为进，假装耳聋，引诱宁王弟弟留下亲笔诉状。无论当事人情绪如何变化，这白板黑字，笔墨犹新，是无法抵赖的。

相比于韩雍的脑子，第二个网络笑话中的男人，却是完全处于被动之中，对于女方的情绪反应，一味地逃避。

（07）

在第二个笑话中，女方之所以对男方的任何建议都采取攻击性策略是因为当事人心里有气，对人不对事。

所以，男方正确的做法，是别老是扭着健身房不放，以诱导式问话的方式，询问女方心里到底是为什么不痛快——现实中，许多男人是心里清楚的，只不过无力解决，所以才会采取回避策略。

回避策略，也算是策略。事实上许多问题假以时日，自己就慢慢消失了——但有些问题不会。有些问题，会如火山的积成岩一样，慢慢沉积，你看似平安无事，但迟早会有一天，来个石破天惊的大爆发。

——凯文·凯利在他的新著《必然》第一章《形成》中，这样说道：如果你拒绝进行不断的小升级，那么积累起来的变化会最终变成一项巨大的更新，大到足以带来"创伤"级别的干扰。

第一个故事中的伦理学教授，正是因为没有对学生们的情绪进行"不断的小升级"，才导致了最后积累起来的变量，给他本人带来了"创伤级别的干扰"。

（08）

教授和狗，是个真实事件，同时也构成了现代哲学意义上的经典悖论——无论教授如何做，都无法获得满意的结果。

除非，教授能够意识到，学生们的不满，不是对事件不满，而是对他这个人不满。并相应地采取情绪管理措施，否则无法脱困。

——举凡两难处境，九成九是规则变化两头堵，是针对人，而非针对事的。

既然是针对人，那么教授的任何行为，都不会获得谅解。他救狗，学生们会指控他耽误了大家时间，不救狗，当然是没有爱心丧失人性。

要化解这个问题，教授就必须：

第一，讲好他的课，把他的主课讲到生动、有趣、实用，彻底改变学生们对他的观感。

第二，把这条屡次掉进池塘的笨狗，融入他的课程里，让同学们参与此事，化解掉"救这条狗是他的个人责任"这个奇怪的结论。

第三，深入探讨这个问题，为什么狗屡次掉入池塘？是池塘的环境有问题？还是这条狗出了什么问题？

第四，找到问题的根本——找到根本，并不意味着解决，但意味着责任的明示，不至于陷自己于僵局之中。

这四步，就是现实中最具实用价值的情绪管理。而这个方案未获提出，问题本身竟然构成了现代哲学意义上的悖论，就是因为情绪管理比较复杂，泥陷局中人，惶然困惑无以开解。

（09）

3个故事，告诉我们这样几条道理：

一、遇到问题的人——尤其是遇到两难问题的人，可能是人出了问题，跟事情关系不大。

二、人的问题，不过是人品问题或能力问题。问题出在哪里就解决哪里，万勿放任自流，让问题不断涌现，最终把自己淹没。

三、一切问题都是可以化解的，关键在于当事人是否愿意。如果一个人固执地错下去，那谁也帮不了他。

四、多数问题不过是情绪化的，当事人并非毫无所察，只是拒绝改变，让自己本能地选择了逃避。但我们已经说过，情绪问题是逃无可逃的，与其日积月累，最终毁掉自己的生活，莫不如采取行动，化解这种不必要的情绪干扰。

化解这类问题，不过是上一节所说到的四步骤：第一，知道问题所在，从根本上解决。第二，开诚布公，把自己从情绪牺牲品的绝境中拯救出来。第三，深入思考，厘清紊乱情绪的由来。第四，是明示问题根本，化解敌意情绪。

有些积习难改的人，习惯说：我这人就是这样……

你既然就是这样，就只会面对一个最让你痛苦的现实。

现实不会迁就任何人的愚顽，它会让所有不成熟的人、有问题的人，心急如焚地陷入极不愉快的人生泥潭中。

除非自省并意识到：凡是针对人的问题、情绪化的问题，都是人为创造出来、只为了表达怨气与不满的。一旦开诚布公，这些问题多数会消解，少数真正需要解决的问题就变得清晰简明，不再是个困扰性的麻烦了。

如何成为一个受欢迎的人

（01）

有个笑话，说一对夫妻终日争吵。丈夫顶不住了，站在窗前，眺望外边的路上，见两匹马拉车而行，就感叹道：亲爱的，生活是辆载重车，我们夫妻，如那两匹拉车的马，让我们放弃争吵，相亲相爱，默契前行吧。

妻子冷冰冰地说：不可能！

丈夫：为啥不可能？

妻子：因为我们两个之间，有一头蠢驴！

丈夫：……

这个笑话是在说，确实有这样一种人，固执而倔强，任性又狂妄，让人无法与他合作。

老话说：一个槽子上拴不了俩叫驴。是说有种类型的人，容不下合作者，一旦心理安全区遭到压抑，就会陷入疯狂恶斗，至死方休。

有些人抱怨压力大，哀鸣生活充满痛苦——这压力，这苦痛，实则来自合作的艰难。善于合作者是没有压力和痛苦的，只有捞到盆满钵满的快乐。

为什么有些人善于合作，有些人在合作中却倍感痛苦呢？

想知道合作的秘密，先来看部美剧《黑帆》。

（02）

《黑帆》这部影片，充满了暗黑的负能量。

——这个意思是说，《黑帆》深度探讨了人性的脆弱与冥顽，在打开暗黑心灵盖子的同时，让我们领悟到人类社会严酷的生存法则。这部片更多的接近于标准的数学模型，演绎了原生态环境下的人与人合作的隐秘法则。

故事从一个叫西尔弗的乘客开始，他在航行中，遭遇海盗袭击。于是他乔装厨师，混入海盗阵营中。多次涉死生还后，他和海盗船长弗林特同时遭到海盗船员们的废黜。

两人被视为不被海盗欢迎的人，等船靠近随便一座孤岛，就将他们驱逐下船，让他们死生由天。

这时，被废黜的船长弗林特对西尔弗说：你听着，两天，最多不超过两天，我就会夺回船长之位。而你，如果不赶紧想个法子，融入海盗团队，我保证你会死得很难看。

啊，海盗团队也需要融入吗？

唉，这年头，连做个海盗都需要高智商，真不省心。

西尔弗发愁了，能否让这些海盗接纳他，竟然成了一场生死考验。

（03）

怎样才能迅速地融入海盗团队呢？

西尔弗行动了。

海盗们吃饭的钟点，西尔弗拿了个笔记本，走到甲板上，用力跺两下脚，大声宣布：活动开始了，今天的日期，晴，天气，西南风，今天咱们船上，有位兄弟，他有件超好玩的糗事，他的名字就是……

还没等他说完，被提到名字的海盗，已经疯吼起来，冲上来猛一拳，打得西尔弗"啪叽"一声，鼻涕虫一样瘫在甲板上，血污满面，爬都爬不动。

海盗船长弗林特，诧异地看着这一幕，问西尔弗：你干吗想不开，要自己找死？

西尔弗挣扎着回答：我这不是在努力融入团队吗？

船长弗林特说：你这哪是融入团队，明明是活腻了嘛！

第一天就过去了。

（04）

第二天，又到了海盗们吃饭的钟点。

西尔弗青肿着一张脸，抱着他的笔记本又走到甲板上，先大声宣布，今天的活动，开始了。跺两下脚，然后开始念日记：今天的日期，晴，天气，东北风，今天咱们船上，又有位兄弟，他有件超好玩的糗事，他的名字就是……

嗷！就听一声吼叫，被叫到名字的海盗，怒吼着冲出来，"哐"一拳，又一次把西尔弗打趴下。

西尔弗在地下艰难地爬呀爬，怎么看都不像他在融入团队的样子。

（05）

第三天，海盗们吃饭的钟点。

西尔弗拖着几乎被打残的躯体，艰难地走到甲板上，宣布道：今天的活动，开始了。哐哐跺两下脚。开始念他的日记：今天的日期，晴，天气，西北风，今天咱们船上，又有位兄弟，他有件超好玩的糗事，他就是……

被念到名字的海盗火了，吼叫一声，冲上来就要揍西尔弗。

不承想，这时候有几个小海盗拦住了他：哈哈哈，今天丢人现眼的是你呀，有什么不开心的事，快让他说说，也好让兄弟们开心开心……

结果，这一天西尔弗就没有挨揍。

次日也没有。

这个奇怪的流程又持续了一段时间。等到被废黜的海盗船长，以暗黑心理战术夺回船长宝座后，吃饭点时，小海盗们都眼巴巴地等着西尔弗出来，急切地嘀咕道：今天，又拿哪位兄弟开涮呀？好期待……

等到西尔弗出来，宣布活动开始，并用力跺脚时，所有的小海盗们，本能地一起抬腿跺脚。这个毫无意义的动作，竟然成了船上的重大仪式。

西尔弗就这样获得了海盗们的认可。不久，他成了海盗们最信任的人。就连海盗船长弗林特，都必须谋求西尔弗的支持。

（06）

海盗西尔弗的做法，是个经典的美式愚公移山。

虽然海盗们对他的厌恶，如大山一样沉重。但他为了活命，对海盗们强制灌输他的虚构仪式，最终改变了海盗们的习惯，改变了船上的人际生态。让他的存在，成了船上生活的一部分。

——但这只是个虚构的故事。其所提供的解决方案，只是理论上的。

在非虚构世界，更多的是反例。

（07）

三国时代，最能打的战将中，马超排名第五。

单以战斗力而论，第一是吕布，第二是赵云，第三是典韦，第四是关羽，第五就是马超，第六才是张飞。

有记载称，马超跟了刘备之后，刘备非常重视他，而马超也拿自己不当外人，见面就亲亲热热地照刘备后脑勺拍一大巴掌：小样的刘玄德，不是咱哥们儿帮你，你早就死翘翘了……

马超拿自己不当外人，让关羽张飞怒不可遏，就要杀了马超。刘备劝止。

于是，关羽、张飞就商量办法。

有一天，突听中军帐擂鼓，马超急忙赶去，进了军帐就哈哈大笑：玄德你这个二货，又发什么神经了？是不是又欠扁了……话未说完，他就呆住了。

此时，军帐之中，刘备面目威严，居中而坐。关羽、张飞各执兵刃，立于刘备身后，三人六只眼，怒视着马超。

马超茫然地看着刘关张，好半晌才醒过神来，急忙拜倒：玄德你这二货……不是，主公那啥，小将马超，参见主公……

马超总算明白了，刘备是他的老板。

而老板，是需要他尊重的。

需要提醒，才知道应该尊重别人。可知马超做人是多么失败。

此次事件，对马超的心理造成了致命的伤害。此后他在刘备阵营，犹如消失了一般默默无闻，再也没有半点声息。

他实际上是等于被废黜了。

（08）

马超的做法，与西尔弗没什么区别。都是以自己设定的风格，强制性地改变团队氛围，以便找到自己的立足之地。

为何西尔弗成功了，而马超却失败了呢？

很简单，《黑帆》中的西尔弗，是在一片散沙中建立规则。前面说过，当时的海盗们，连船长弗林特都给废黜了。没有船长，没有人指挥，此时的海盗们处于无规则的茫然状态中。西尔弗强硬插入，让海盗们养成固化的习惯，这就是他成功的理由。

而马超，面对的是一个水泼不入，针扎不进的紧密性团队。刘关张的亲密组合，就连赵云、诸葛亮都挤不进去，何况马超呢？

马超最大的错，就是一上来就想放翻刘备，让自己成为主角。刘关张当然不答应，所以马超遭遇到强势警告。

——设若，马超学会用脑子思考：要如何做，才能够迅速地融入团队，夺得一席之地呢？

（09）

马超的问题，实际上是我们每个人的人生问题。

一个封闭的职业场，犹如一个活的生物，所有人都有机地粘连在一起。新人要想加入进来，面临着马超、西尔弗式的艰难挑战。

年轻人的最大悲哀，就在于在他们心智不成熟、经验最匮乏时，必须完成这个超级艰难的人生课题：融入社会化大生产、融入团队。

有许多成功的融入者，也有许多融入失败的人。

这二者的区别，就在于他们对自我人生使命的认知。

——懵懂的人，极端自我主义者，拒绝对社会让步，却幻想所有人都如他爹妈一样照顾他的人，必然无法成功融入。这种情况，就必须洞察人性，知道点合作的基本法则。

（10）

要像西尔弗那样，在职场情场商场处处受到欢迎的人，而不是一味地坚持自我，无视别人存在价值，最终像马超一样，遭到团队的无情否定，被排斥在边缘地带。这是我们每个人的努力方向。

有个词叫"存在感"。

什么叫存在感呢？

美国心理学家马斯洛分析说：人，第一步的生存需求，是基本生理满足，要吃饱，不能饿到。第二步的需求是安全感，不能朝生夕灭、风雨飘摇。

第三步的需求，就是存在感。

就是让他人认可自己的价值与存在。

打小开始，我们就在体悟获取存在感的方法。有的孩子努力乖，希望父母夸奖自己乖而获得存在感。有的熊孩子反其道而行之，专门给爹妈添堵，通过让爹妈欲哭无泪而获得存在感。所以心理学家果断建议，要多多关爱熊孩子，以免他采用给父母添堵的方式，获得存在感。

孩子熊，问题还不大。成年了还一味熊下去，就会有大麻烦。

职场中人都是成年人。

成年人都知道，获得存在感，获得团队承认的唯一方法就是：

你必须先行赋予别人存在感，别人才会承认你的价值。

所谓价值，就是能够让别人获得存在意义，不能满足别人存在的人是无价值的。

（11）

让别人获得存在感的方式，被称为"教养"。

这就需要我们：第一个，不做惹人生厌的事，不违背职场基本规则，不以阴暗心理对待同事，不说有伤他人自尊的刻薄话——《黑帆》中西尔弗的方法，适用于没有功利取向的同龄交际场，而不适用层级分明的职场。

第二个，要知道别人的难，尊重别人的努力。别人的工作成果，在你眼里可能连垃圾都不如——你的工作，在别人眼里也是这样。完美只在想象中才会存在，现实是永恒的不完美，你可以苛责自我，但万勿苛责他人。

第三个，学会倾听。这个世界上，每个人都急切地想要发表意见。虽然大多数人的意见，只是情绪性的宣泄，但心理学告诉我们，一个人废话说得越多，就越快乐。倾听时凝视对方的眼睛，不要走神，你会因为给别人带来快乐，而处处受到欢迎。

第四个，学会克制自己的冲动，更要尊重对方的情绪。所谓沟通，内容不重要，重要的是安抚对方的情绪——大家都是成年人，谁也没有愚钝到需要你教诲的地步。之所以要沟通，只是因为对方的存在价值未获满足，所以才需要给予正式的认可。

——上述这些大道理，你可以在任何地方看到读到，所有人都已经读到了反胃。但，仍然有相当数量的人做不到。

为什么呢？

因为，自视过高是人类的天性，无视他人则更多的是本能。要翻越人性的藩篱，抵达美好的预期，就必须尊重他人的天性，克制自我的本能——这是需要有心人点滴实践的人生智慧，单纯的文字阅读起不到多大作用。

情商是什么？就是不为别人的错误买单

（01）

先来测试一下自己的情商。

昨天朋友圈中，有篇文章火到爆：《善良的人，运气永远不会差》。

这标题真的好极了，滴滴香浓，意犹未尽。

打开文章，第一句是：你把对方当成菩萨，他就是菩萨。你把对方当成魔鬼，他就是魔鬼……

这句话有道理吗？

如果有，道理何在？

如果没道理，又错在哪里？

这个问题直接关联到我们的情商指数，关联到我们对人性的基本认知。

大家来判断一下，咱们这边先讲几个故事。

（02）

曾国藩老先生，圣人也。

他在自己的日记里，记述了这么一件事。

他练湘军，与洪秀全的太平天国开打。但由于现金流不是那么顺畅，士兵们饷银的拖欠，是难以避免的。

就有一次，湘军欠饷。有个标统叫黄胜林，就怒了：喂，兄弟们，咱们这可是流血卖命，卖命啊大哥！咱们命都不要了，他们还拖欠我们的饷银，这叫什么这叫？这叫喝兵血！老板的心，有点太黑了吧？

被黄胜林这么带头一嚷嚷，湘军顿时鼓噪起来。曾国藩吓坏了，急忙拆东墙补西墙，赶紧把人家的欠饷还上。

此后黄胜林继续在前线与太平军厮杀，正杀得热火朝天，曾国藩突然给他送来个好消息：小黄，你很能打，我看好你，赶紧来大营，要给你晋职加薪。

黄胜林大喜，脚不沾地地飞奔而来。甫到曾国藩大营，早被一群如狼似虎的亲兵，逮住绑起。就见曾国藩笑眯眯走过来：小黄呀，上次是你带头索要拖欠工资的，是不？你知道你这是什么性质的错误吗？你这错误……总之老大了，左右推出，与吾斩首报来。

可怜的黄胜林，就这样被杀掉了。

后世的史家，无一人对此事评价半个字。虽说慈不掌兵、义不理财，但此事有点太阴损，圣人未免太毒辣。史家担心影响曾国藩同志的光辉形象，所以避而不谈。

不谈不妥当。该谈还是要谈的。就比如孔子的学生子贡，曾经说过，圣人这货，也不是完美到了一点毛病也没有，圣人之所以成为圣人，只不过是优点比别人更突出罢了。圣人的缺点，就好像太阳黑子，黑子虽然是黑子，但仍然比别人身上的优点温度还要高，这才是圣人的原意。

但另一位圣人，与曾国藩风格完全相反。他求仁得仁，留下了比曾国藩更光彩夺目的不朽英名。

武圣，关羽。

（03）

关羽，一世英名，却因败走麦城，而被宵小所执。

导致关羽败亡的，是刘备刘玄德的小舅子，糜芳。

糜芳这个人，特点是颜值高，没本事。虽然没本事，但他有个美貌的姐姐，刘备的夫人，就是史书中的糜夫人。

所以，虽然糜芳屁本事也没有，但仍然受到刘备的宠信，让他和关羽搭伙守护荆州。当时关羽北伐襄樊，天下震惊，糜芳和另一个叫傅士仁的，负责给关羽运送粮草，可是这俩货太差劲，没能完成任务。

关羽怒曰：等吾回去后，饶不了你们两个。

听到关羽的威胁，糜芳和傅士仁怕得要死，就干脆投降了渡江来袭的东吴吕蒙。此举导致关羽沦为孤军，途穷奔走麦城，最终败亡。

（04）

曾国藩年轻时，花光了家里的钱，买了套二十三史。当时他父亲说：娃呀，你不是不知道家里的经济状况，这套书，会让爹负债累累的。你这不是买书，这是坑爹知道不？但如果，你能够把这套书认认真真读一遍，你爹我累死也不冤了。于是曾国藩两年没出屋，光脚板揪头发苦读。

曾国藩这货，可能是读到了关羽与糜芳之间的这段故事，多半是这样寻思的：嗯，关羽之死，就是因为太早地表明了对糜芳的敌意，才导致糜芳叛变，所以等以后我要杀人时，一定要笑眯眯的，不能让对方察觉……

哪怕曾国藩没这么想，但他真的这么干了。诱杀闹饷的黄胜林，可知他对人性的认知与解读，有着自己的一套。

（05）

关羽，一世光明磊落的英雄。

曾国藩，是距离我们最近的圣人。

这两个人，做事各有各的取舍。关羽顶天立地，千古流芳。曾国藩老辣厉练，沉稳隐忍。

孰高孰低，我们没有能力做出评价——但，法古今完人，仰天地正气，这应该是我们的人生追求。同时兼具关羽的光明磊落，曾国藩的老练沉稳，才是我们渴望的完美人格。

怕就怕，没有关羽的本事能力，又少了曾国藩的智慧。这时候的我们，于群狼出没的职场上，宛如一只袒胸露腹的喜羊羊，不被人家连皮带肉啃光光的概率，几稀。

（06）

曾国藩，也曾是个善良的孩子。

初练湘军时，他费老大力气，连坑带骗搞来点钱，赶紧招兵。顿时四方英雄纷纷来投。众英雄来到，先排队领工资，拿到工资狂吃一顿，然后一抹嘴，全都跑掉了。

曾国藩笑道：跑了英雄跑不了庙。来人呀，与吾去把那些逃兵，按花名册统统抓回来。

部下报告道：大人，抓不回来的，一个也抓不回来。

曾国藩问：为啥抓不回来呢？

部下道：大人，那些报名当兵的，来时真的满腔热血，可突然间发现大人你心眼不够用，于是大家就全都报了假名字。

曾国藩：为啥要报假名字？

部下：大人，你到底有多傻？报了假名字，骗了你的饷银逃走，你再也找不到他们了。名字籍贯全都是假的，你说去哪儿逮他们？

当时曾国藩就崩溃了：原来人性是不确定的，会因时而变。面对智者，知道骗不过去，就会表现出光明磊落的一面，成为英雄。面对憨瓜，知道你蠢萌无极限，就会成为骗子。不怪人家，这么蠢的憨瓜，不骗死你，岂不辜负了这月白风清的美好人生？

此类的事多了，于是曾国藩迅速成熟，成了洞悉人心人性的大师。

（07）

经历了曾国藩呆萌成长的故事，我们终于可以回答本文开头的问题了。

这问题是《善良的人，运气永远不会差》文章中开头的：你把对方当成菩萨，他就是菩萨。你把对方当成魔鬼，他就是魔鬼……这话到底有没有道理？

——这句话，严重曲解了人性，属于对智慧一知半解望文生义生吞活剥的学渣体。其实我们根本不需要举什么例子，单以逻辑推理，就能够弄明白。

——你把对方当成菩萨，他就是菩萨。你把对方当成魔鬼，他就是魔鬼……假如这话是对的，我们就应该打开监狱大门，把杀人犯、强奸犯和变态狂统统放出来，并热情地与他们拥抱：亲，委屈你们了，其实你们都是菩萨，走，跟我回家，让我老婆炒俩小菜，菩萨你一定要真心地喝……你咋不这么做呢？

当然，监狱中的变态虐杀犯，也不是就无丝毫悔恨之心。但在他们准备好，向这个世界呈现柔和一面之前，我们更需要的是等待，而不是拥抱对方。

——这么一说，大家就能够醒过神来了。对人性的隔膜与无知，任何时候都不是智慧。只有洞知人性，才会真切地意识到，人性中，有善良的一面，也有不太好的一面。我们需要智慧，努力把每个人心中的善激发出来。我们更应该对愚蠢抱有恐惧，愚蠢会激发对方心里强烈的恶欲。你这么蠢，不骗死你是不人道的。

（08）

再说曾国藩诱杀黄胜林之事，你不得不钦服他，曾国藩这厮，实乃不世出的伟大智者。他知道，如果在黄胜林闹饷之初，就出言威胁或者直接惩罚，那就有可能激起兵变，他太了解人心了，所以他选择了隐忍。

这种对人性敏感性的洞察，以及在洞知人性时所采取的谨慎态度，就是我们经常说起的情商。

什么叫情商？

任何时候，我们也不可以为对方的人性弱点而买单。

任何时候也不要。

这就是情商。

（09）

每个人的心中，确有善良的一面。而且成为一个善者的意愿，全都是空前强烈。

这是真的，一点也不假。

但，人又是极端情绪化的。不良的情绪，始终与我们的初心争夺对我们的控制。所以人的善被激发，就会成为顶天立地的英雄。但这需要超高的情商，需要对自我情绪与对方情绪的掌控能力。

情商高的人，任何时候都不会放弃对对方心里善的信任。

但同时，任何时候也不敢放松对其心中恶欲的警惕。

以温和的态度、平静的内心、微笑的脸容、关注的眼神信任对方、鼓励对方——不毫无理由地怀疑人，拿对方当骗子，更不毫无理由地拿对方当菩萨，此二者都是蠢大劲了的表现。

——你不信任对方，激起对方心中的恶，就必须以自己的人生，为对方人性的缺陷买单。你毫无理由地拿对方当菩萨，暴露出自家智商的短板，后果也是一样的严重。

（10）

情商也是智商。

智商是对这个世界及抽象法则的认知。

情商则是对人性的洞穿与掌握。

最近有本书在卖，《给孩子看的量子力学》，这本书开篇就说得明明白白：世界是不确定的。

连物质世界都不确定，我们又何来胆气预判人心？

世界是不确定的，人心是不可测量的。有智慧的人绝不说过头话，情商高的人会应心绪调整方策。在这个充满温情同样也充满冰冷的世界上，你掌握多少人性，获得多高的情商，就获得多少温暖，获得多少自由。

——你要知道，人心是极脆弱、极敏感的，把他当成菩萨是不妥当的，把他当成恶魔也是纯粹发神经。他就是个可以表现出伟岸人格的普通人，努力尝试，但要知道，最后的结果只是个概率，万勿求一个固化不移的结果。

——平静地对待别人，温和地对待自己。对方的心是脆弱的，敏感的，我们也同样。甚至，许多时候我们比对方表现得更脆弱，比对方更敏感。对方一个无意的举动，都有可能引发我们心里的不快。但我们的大脑会欺骗我们，会把我们自己的不良情绪，扭曲为对方人品有问题，除非我们时刻警惕自我，才有可能避免在伤害别人的同时，也对我们自己的智商造成严重伤害。

——这世界并没有那么极端，关羽的时代，曾国藩的时代，那充满血腥的杀戮早已过去。世界已经不是那么极端了，平和的时代，对我们的智力发起更多的挑战。任何一种固化的思维或是极端的认知，都会影响到我们的判断力。我们不要让自己成为职场上死得冤枉的黄胜林，也没必要让自己的性格趋向极端。温和，温和，任何时候温和都会让我们保持清醒。

——有时候我们被冒犯了，也许是对方的无心。有时候我们受惠了，或许是对方的无意。永远要感激那些惠及我们的人，但对任何形式的冒犯或蔑视，抱以平和之心。当我们心灵承受煎熬时，对方多半也同样。最重要的是，这种心灵煎熬，是完全不必要的，可以消除的。

记住吧，情商是我们对自己及他人情绪的认知与把控，慢慢学习让自己呈现最美好的一面，也努力让对方呈现出足够的善良。这有个过程，一切取决于我们对人性的认知。认知明晰，心境就明晰。反之，任何形式的武断蠢萌，只是标志着我们学习的开始，而不是结束。

如何让别人喜欢你、尊重你

（01）

我的朋友圈里，充满了怪能量。

就是喝了之后，浑身是奶那种。

最近流行的，是这么篇文章，开篇先曰：

这个世界上总有那么 20% 的人，见到你就是莫名其妙地喜欢你，总有那么 20% 的人，见到你就是莫名其妙地讨厌你，剩余 60% 的人处于中立状态。如果我们把关注点放在那个莫名其妙讨厌你的人身上，那我们每天接收的信息就会烦恼不断。但是，如果你把关注点放在 20% 的喜欢你的人身上，每天就是如沐春风。

这段文字真好，文章也属精品。

但如果我们不假思索，端起这碗汤咕嘟咕嘟灌下去，不确定是否会得到我们所期望的。

让我们开开脑筋，看看这碗鸡汤，有没有什么需要添加的作料。

（02）

第一个，那段文字开言，先用二八定律，断言这世界上有 20% 的人，见到你就莫名其妙地喜欢你。这有可能是真的，可这 20% 的人在哪儿？在非洲？在北美？在南非？在东欧？没证据表明这 20% 的人呈均匀分布，万一他们正好扎堆在撒哈拉大沙漠，你出门根本见不到他们，怎么办？难道你还要踏破铁鞋，满世界去找他们不成？

第二个，就算你出门，真的遇到了那 20% 喜欢你的人。可是，喜欢或厌恶，只是一种情绪，情绪最大的特点就是不稳定，今天我超级喜欢你，喜欢到了恨不能立即推倒，明天心情不好，飞脚踹你出门，你咋办？

第三个，既然喜欢或厌恶，只是种不稳定的情绪，那么昨天喜欢你的人，今天就不喜欢你了。今天不喜欢你的人，明天喜欢你喜欢到了不要不要的。可是你还跟昨天那位在一起，对今天喜欢你的人视而不见，最终你还是跟不喜欢自己的人在一起，你说咱这不是找不自在吗？

第四个，世界上没有无缘无故的恨，也没有无缘无故的爱。一个人之所以毫无理由喜欢你，只是理由潜藏在他心灵深处。你出现的位置或是某一个姿势，恰好满足了他的一个渴望。所以他果断地喜欢了你——但，他喜欢的其实根本不是你，而是他自己内心深处的一个幻影，接下来他会把你削足适履，往他心目中的框子里套，可是你只是你，你不是他想象中的人，你说你还怎么玩下去？

第五个，喜欢或者不喜欢只是孩子世界的评价标准，成年人的游戏玩得更现实些。

第六个，喜欢是有深层次的情感因素的，哪怕是再讨厌的熊孩子，在他爹妈眼里，也是掌上之宝。如果你恰好有点熊孩子属性，又遭遇到了这世界上20% 喜欢熊孩子的熊人，难道你就和他们在一起，把狗熊进行到底吗？谁都渴望别人包容自己的缺点，但这种包容也是需要回报、需要代价的。

第七个，小朋友是弱势，渴望被人喜欢，是在寻求一种心灵保护。当我们长大，就要谋取事业，在这个过程中，喜欢我们的人未必能够帮得了我们，不喜欢我们的人，却有可能掌握着我们所需要的资源，是谋求与不喜欢我们的人合作，还是为了跟几个同类的人抱团而放弃事业，这个问题需要多想吗？

第八个，只有内心虚弱的人才渴望获得外部的评价，把自己的人生寄望于别人喜欢与否，本身就已经输了。

第九个，强大的人不需要别人喜欢。

第十个，公众场合你表现得得体到位，人们自然会喜欢——但这种喜欢也绝非全部。相反，我们哪怕是丑态百出，也照样有奇怪的人鼓掌喝彩，我们应该讨后者喜欢吗？

第十一个，哪怕你一点错也没有，别人也未必喜欢你。

第十二个，更常见的喜欢，是有期许的。比如说你闲极无聊，一记佛山无影腿，踢飞了老张，老张的左邻老王、右舍老李，同时喜欢上了你。但老王希望你继续踢飞老李，老李却希望你踢飞老王，无论你踢哪个，踢或是不踢，都无法控制局面——职场或者社会中人，每天都会遭遇这种两难狗血剧，仅仅是因为，在所有的无缘无故之后，都有一个你根本扛不动的缘故。

第十三个，这世界根本没有懂你的人。

第十四个，别人来到这世界上，不是为你而来的，你谁呀你？凭什么要求别人懂你喜欢你？你唯一的存在价值，是懂别人并喜欢别人。想在懂你的人群中散步，先要让别人在你的心里散步。

第十五个，想让人喜欢，需要资本。想让人懂你，需要价值。

单就是喜欢或是讨厌，这看似简单的情绪，人类为此写出来的书，能堆满十几列火车。千言万语不过一句话：

比喜欢更重要的，是让别人尊重你。

让别人喜欢很难，尤其对于成年人来说。成年人的游戏是尊重，孩子的规则是喜欢。

玩错了，就输了。

（03）

当我们成年，就应该让脑子清醒些。

没有人无缘无故地喜欢我们。

真的没有。

小时候，父母或其他人喜欢我们，那是人类保护幼崽的天性。以为自己永远不用长大，就躺在摇篮里把奶继续吃下去，这是多么奇怪的想法！

虽然如此，但我们仍然要努力，让别人喜欢我们，当我们努力前行时，喜欢是一种正面的力量。当我们颓废沮丧消极时，喜欢不过是一种阴暗的窃喜。与孩子相比，成年人知道自己所需要的是什么。

我们真正需要的，是能够把我们引向人生高处的欣赏。

这也算是一种喜欢。

（04）

幸运的是，当我们心智停滞时，别人也同样。

如果有谁一定要喜欢我们，那么他一定是感受到某种温和的力量，某种能够让他获得安宁的温馨感。

这种安全感，来自我们向周边辐射的最明确不过的保护性信号，我们是负责任的人，是有担当的人，是有温度的人。能够承担起他们父母的职责，让他们继续蠢萌下去，这需要我们极强大的人格力量。

这种强大的人格力量，带来的是尊重。

（05）

相比于喜欢，尊重是一种稳定的力量。

喜欢，主动权在对方手里。

而尊重，主动权在自己手里。

喜欢你，是有预期的。这种预期有可能超出你的能力。

尊重你，也是有预期的。但这种预期，铺垫在你此前的事业上，只要继续前行，就能够保持尊重的恒久稳定。

在喜欢自己的人群中散步，忽然间秋风漠漠向昏黑，大家都不喜欢你了，你的散步就变成了一场围殴。

在尊重自己的人群中停留，你自行掌控环境的气候变化，不会陷入情绪不稳定的泥沼。

先让别人喜欢你，再赢得别人的尊重。

（06）

要让别人尊重，必须表现出昂贵而稀缺的品质。

第一个，表现出足够稳定的心态。没事时，能够扎扎实实地做事，不咋咋呼呼无事生非。有事时，能够保持微笑，保持冷静，不会惊恐交加、惊慌失措。有一颗稳定的心，就会有一个稳定的环境。而这种淡静心态的养成，需要的是一种自立自强的心灵智慧。

第二个，要知道这个世界是不稳定的，人性是不确定的。变化是这个世界永恒不变的规律。知其变，守其稳；知其动，守其静。于安静中强大自我，并随时准备拥抱变化。唯其如此，才能够赋予自己平稳的心和强大的意志。

第三个，做事。

第四个，人世间的一切事业，都具有从低洼处向高处生长的态势。这个态势的特点，就是永恒的资源不足。这个困难是每个人都面对的，但并非每个人都能够破围而出。这取决于个人的选择——所以许多人，寄希望于别人无缘无故地喜欢自己，他们还远未成熟，而这正是我们的机会。但，在这个过程中任何对成长的轻视或不尊重，都有可能让我们付出代价。

第五个，尊重每一个人，哪怕他还不值得我们这样做。

第六个，事物发展自有其规律，不对任何不确定的事情抱有希望。

第七个，突破资源瓶颈，先要突破自我思维局限。

第八个，大多数成就事业的人，起初也是处于"不行"的状态，你认为的"不行"未必是真正的不行，说过了，这世界是变化的，许多原本行的事，环境一变就不行了。有些不行的事，环境变化之后，竟然行了。不要赌不靠谱的运气，而是尽其可能了解变化的规律。还有种方法，就是在变化规律无法确知的情形下，那就把不行的事，暂时先运行着，等待，等待，等待到环境突变，不行突然变行了，这时候你在这里。你没有被动地等待别人喜欢，你的沉静守望就有了更多的价值。

第九个，向每个比自己强的人学习。

第十个，人生所付出的所有代价，都是因为自我人格缺陷所导致的。所以不要怨恨那些挡我们道的人，人生是我们自己的，如果我们自己不挡自己，就没人能挡住我们。

第十一个，如果你不行，喜欢你的人会越来越少。如果你行，喜欢你的人会越来越多——同样，如果你能保持人格的稳健、品格的宽柔，尊重你的人就会越来越多。相反，则相反。

第十二个，在一个不稳定的时代，有些人是先获得财富，才寻求尊重。而在一个趋向稳定的时代，我们必须先赢得尊重，才有可能获得财富。

第十三个，和喜欢自己的人在一起游戏，和尊重自己的人在一起做事——但这只是最理想的结果。我们必须先行谋取那些不喜欢我们的人支持，除非学会与不堪的人相周旋、共事，然后才不会再遇到他们。失去了中间这个过程，就无法找到喜欢自己的人，也无法遇到尊重自己的人。

第十四个，人类是极端功利的，他们只尊重强者。

第十五个，相对于成为强者，维持弱者的现状真的太难了。成为强者，只需要按生命规律，循序就班向前行进就可以了。而对抗生命规律，年龄一大把还趴在婴儿车里不肯离开，那绝对是令人钦佩的勇气。

第十六个，做个正常人。孩提时寻求孩子的快乐，成年人就玩成人游戏。

第十七个，说过了，成人游戏是相互尊重，虽然不排斥喜欢或不喜欢，但不再会期望一种没有理由的喜欢。

（07）

当你学会爱，学会喜欢别人，才能够获得一种持久的、稳定的喜欢。

当你拥有自尊，学会尊重别人，才能够获得尊重。

从自己的心走出去，爱这个世界，这个世界才会变得鲜明起来。

从灰败、失落、一切等待他人恩赐的心态走出来，才会知道，世界其实一直期待着你。

整个世界的期待。

（08）

如果你一定要散步，不一定非要在懂你的人中。

懂或不懂，这个步总是要散的。

总不能，当有人落入思维陷阱，于自我封闭的黑暗中，等待着你去懂他，你却非要抬杠，说他不是懂你的人，因此连步也不散了吧？

当你蜷缩成一团，期待着拯救，整个世界都救不了你。

微笑着站起来，承认自己已经长大了，迎接这个世界的风和雨，坦然面对外界的霜和雪。退缩的心智，总难免满目凄凉。唯有成长起来，才会见证这无数的机会与可能。

（09）

这个世界，可能有无缘无故喜欢别人的人。
为什么这个人不是你？

（10）

人生靠的是自我心灵的营建。
期待别人不如满足别人的期待。
说过了，这并不容易，但绝不比于心灵闭锁中的无望等待更难。

你为何被阻隔在财富城堡之外？

会说话的人，都有超强的商业思维

（01）

有座小城，曾举办过一次很火辣的大赛：

禅茶大赛。

禅是神秘的，茶是有品位的。这大赛听起来就充满悬念。

（02）

禅茶大赛开始，规则是盲品。

就是蒙上你的眼睛，闭眼喝茶。

看你能不能品出是什么茶。

你对禅理悟得有多深，你对茶道有几多感悟，这事谁也说不清。唯有盲品，才是真刀实枪，衡量出你在禅茶两方面的真正造诣。

大赛开始啦，好多茶界雅士参赛，个个胜券在握的样子。

但当比赛开始，雅士们纷纷出局。

进入决赛的，是当地几家茶叶店的老板。

……呃，是不是茶店老板，禅法体会最深？

深个头啊深，盲品，听起来蛮雅，实际上最后比拼的是谁品过的茶最多。纵然是茶界雅士，都有自己的偏好，喝来喝去不过那么几种。

也只有茶店老板，为了生意，好茶赖茶都要喝。不仅要喝，还要喝出名堂，才能知道这种茶，别人愿不愿买。

（03）

好端端的禅茶大赛，变成了茶店老板出场秀。

主办方好不沮丧。

主办方的愿望，是希望大赛能够体现出禅理茶道。但因为思维出了问题，自然无法收到效果。

（04）

坦白讲，人类并不适应自己所创造的社会。

人类社群是一个高频交易结构，非得极强的商业思维才能适应。

但许多人的思维是非商业式的。

（05）

有位酒楼厨师，最近和女友吵架，正处于冷战中。

他就考虑回家给女友炖一锅好菜。如果一锅好菜还唤不回女友的心，那就两锅。所以带了包十三香调料回家，准保让女友吃得眉开眼笑，尽释前嫌。

回家途中，去首饰店瞧瞧女友一直想买，却舍不得买的项链。但首饰店的店员说，项链的长度，最好先量一下女友的脖颈尺寸，免得太长或太短。

那就回家，煮菜，量尺寸。

回去之后，女友正睡觉，他先进厨房，开始烧菜。烧到差不多，他回到卧室，悄悄拿手比画了一下女友的脖颈。

女友恰在这时睁开了眼睛。

"腾"的一下坐了起来：你想干啥？想掐死我吗？

不是，那啥，你别误会……厨师没有说出买项链的事，他要给女友一个惊喜。就急忙逃回厨房，开始往烧好的菜上面撒十三香。

女友跟过来，看到他往菜里撒粉末状物，更加震惊：不过是吵架而已，你至于对我下毒吗？

下毒？不是，你听我说……厨师手拿菜刀，向着女友走去，想解释一下。

看到他手中明晃晃的菜刀，女友尖叫一声：救命啊……掉头逃出了家门。

你看这事弄的。

厨师好不沮丧。

次日，厨师发现家里的煤气罐没气了。

那就顺道换煤气，去女友家解释清楚，接她回来。

厨师用自行车驮着煤气罐前往女友家。

当他骑到女友家楼下时，被站在窗前的女友发现了。

立即报警。

警车赶到，几十支枪口对准他：放下煤气罐，年轻人，不要炸楼，想想你那年迈的爹妈……别动，再动就开枪啦！

炸楼……唉，厨师哭了：为什么我总是被人误解？

（06）

不会换煤气的厨师，不是好男友。

讲厨子的故事，其实是在说我们自己。

——你是不是曾经好意付出，却遭人误解？

是不是辛辛苦苦做了事，却没人领你的情？

是不是感觉人生艰苦，世道难行？

如果答案是肯定的，那就是你的思维距离商业社会还有距离，所以有点不太适应。

（07）

厨师心里，有许多善良的想法。

但这些善良的想法，全都储存在自己的脑子里，并没有输出。

——没有表达出来。

所以他偷量女友脖颈的尺寸，被女友误以为想要掐死她。他往菜里撒十三香，被女友误以为他在下毒。他扛煤气罐去接女友，被女友误以为他想炸楼。

心里的愿望，别人不知道。

而他所有的行动，都被现实重新解读。

正如前面所说的禅茶大赛，主办方的良好意愿，当遇到一群茶叶店老板时，一切全被带偏了。

这就是给我们人生带来无数障碍的非商业式思维。

（08）

非商业式思维，就是忽略掉现实交易的想法。

什么叫忽略掉现实交易呢？

现实中的每件事，不同的人依据情绪、经验及认知，各做各的解读。

你看是黑，人家说是灰。你说喜气，人家说庸俗。你说高雅，人家说装蒜。你拿手去量女友颈部，是想量好尺寸买项链，但在别人眼里，你就是想掐死她。

说话做事，自己心里怎么想不重要。

重要的是别人的想法。

缺乏商业思维的人，心里没有别人。每做一件事，或每说一句话，都让别人受到伤害。

曾有个人宴客，请四个朋友。来了三个，但有一个迟迟不到。

主人等得焦躁，抱怨道：该来的没来。

有个客人一听：啥？该来的没来，那我不该来咯？愤怒之下，掉头走了。

唉……你看，主人懊恼地道：不该走的，又走啦。

啥，他不该走，那我该走呗？第二个客人也怒了，拂袖而去。

哎……主人追了两步：我又没说你。

最后的客人终于炸了：你没说他，那就是说我呗！

最后一个客人也走了。主人三句话，惹毛三个人，这算是不会说话的经典了。

——之所以会这样，是因为缺乏商业思维的人，心里没有别人。

说话做事，完全不考虑他人的反应。

这种思维是闭锁的、单向的、点对点的。不发散不辐射，不考虑外部扭曲反转解读。不改变这种思维，就会动辄得咎、步步惊心。

（09）

商业式思维，也是从自我内心出发，但同时辐射周边的每个人，把每个人的反应，都考虑在内。

以前我们曾举过一个例子，有位老兄，去朋友家里做客。朋友家夫妻都在，恰好儿子也带着女友回家来。

看着朋友的儿子带回来的女友，这老兄说了句：这孩子跟他爹一样，会挑！

——就这一句话，让这家的父亲、母亲、儿子及女友，全都心花怒放。

——因为他说的这句话，顾及每个人的感受。尽管反应只是瞬间，但久而久之养成的思维习惯，却是自然而然。说儿子会挑，是说这孩子眼光好，挑了个好女友。跟他爹一样，是说他爹眼光好，挑了个好妻子。一句话愉悦4个人，这就是典型的商业化思维。

商业化思维是以一对多。你如同开店的老板，一句话说出来，必须让每个人都舒服、都爽，否则你的货就卖不掉。

孔夫子最得意的弟子子贡曾经问：老师，如果你是块美玉，有买家出价要买，你卖不卖？

孔夫子愉快地回答：卖了卖了，跳楼吐血大拍卖，有人给钱咱就卖。

人类社会是个高频交易社群，所有人都在售卖自己，渴望存在感，渴望认同，渴望获得赏识，渴望遇到贵人。但如果你不具备起码的商业思维，你就会被排斥在主流之外，赚不到钱，赢不到暗恋女孩的青睐，纵然是努力付出，最后还是会被社会狠狠地压价，让你血本无归。

所以，我们需要训练自己的商业式思维。

（10）

商业式思维的训练，可以分成七步：

第一步，准备好纸和笔，在纸上写下一个人的名字：可以是你妻子、丈夫、父母、孩子，总之是你生活中最重要的一个人。

第二步，脱口说出想对他说的一句话，写下来。

第三步，分析这句话，有多少含量是对方感兴趣的？又有多少只是自己的想法，而人家听都不想听？

第四步，写下你的老板或你的客户的名字，写下你最想对他说的话。

第五步，分析第二句话，思索对方最想听的是什么，你说的又是什么？

第六步，对家人，努力找出一句话，一旦你说出来，就会换来一个拥抱或热吻。对老板或客户，找出那句话，你说出来，对方会眼睛一亮，立即表现出兴趣。

第七步，把对家人要说的话，放在大庭广众之下。把对老板或客户要说的话，放在竞争对手面前，这句话又该如何说才不会招致周边人的反感？

这七步训练，每周腾出 20 分钟，重复训练。

时间久了，这种心智训练，就会形成条件反射，会不假思索，脱口说出丝毫不含敌意，不带怨气，没有情绪，而是对别人由衷赞赏的语言。这种语言并非谄媚，而是积淀在了人性最深处的渴欲与认知，不招人反感，纯发自内心。语言的训练有助于心智成熟，进而会改变你的行为模式，让你的心，丰盈而成熟，会越来越喜欢这个世界，喜欢每一个人。因为他们让你生活得快乐，因为你的认知切合了人类社会的规律与法则，从此让你进入认知的自由王国，获得行不逾矩的幸福与快乐。

谁会被阻隔在财富城堡之外

（01）

阶层固化这个词，出现频率越来越高。

焦虑之心，浮躁之情，让太多人陷入急乱。

——阶层固化，吊桥拉起，谁会被阻隔在财富城堡之外？

先说个故事。

（02）

5年前，有位朱仲南先生，讲过一个故事。

故事中的兄台，现在年纪已经老大了。他年轻时正逢上山下乡，兄台的父亲，只是个老实巴交的工人，替儿子收拾下乡的行李。突然间兄台怒形于色，冲父亲吼道：滚，你当年干什么去了？你咋不参加红军？你咋不去长征？你咋不上山打游击？要是你当年争点气，至于让我下乡遭罪吗？

听了儿子的斥责，老父亲无言退下，泪流满面，不敢吭声。

如此，这兄台下乡一段时间，就回来吵闹，强迫父亲退休，好让自己回城接班。

父亲退休了，兄台成为工人。

然后兄台又怒了，斥骂父亲：你当年干什么去了？你咋不出国？你咋不逃奔海外？哪怕咱家有一个亲戚在外边，就算在香港也行啊！让你们这群废物弄的，我想出国都找不到人担保！

但七搞八搞，兄台终于出国了。

没多久，兄台回来，再次冲着年迈的父母大骂：你们咋这么缺心眼呢？我说出国就让我走？不说拉着我点？我走的时候正是国内经济发展最好的时候，你看让你们给弄的，现在全耽误了吧！

朱仲南说：这位兄台，他活了一辈子，就是不停地骂爹骂娘，骂世道不公。他信奉的是在家吃父母，出门吃朋友，自己动根手指头都嫌累。结果，他混到老来，年纪一大把，还是一贫如洗，怨气冲冲，愤愤不平。

——他活一辈子，也没抓住过机会。

——不是没有机会，而是他一心想指望别人，一辈子也不肯反省自己。

（03）

走过青春，人应该知道，凡事要靠自己。

——但有些人，却总想靠别人。

几年前，有位年轻人在网上发帖，讲述他和老乡的复杂关系——年轻人在泉州做工，收入微薄，每天固定在一家餐馆吃饭，日赊月结。

于是年轻人的发小，就千里来投奔。来到之后，年轻人就让发小和他一起在餐馆吃饭，赊到月底，由他统一结算。

年轻人说，发小的伙食，可比他好多了。因为他收入不高，吃饭时根本不敢点好菜。但发小不管那么多，想吃什么就点什么，吃得理直气壮。

如此吃了一段时间，发小恋爱了，就带着女友一块来饭馆里吃。为取悦女友，点菜更不肯亏待自己，看得年轻人心急如焚。

——幸好，没过多久，发小的女友发生了情变，愤怒的发小，操刀子跟情敌大战一场，血光弥天而后逃之夭夭，屁股后面追着一群警察，留给餐馆一屁股债。

年轻人半年的工资，全被发小挥霍了。结账时年轻人痛定思痛，终于想明白了——他就不应该这么惯着发小，虽说是出门靠朋友，但也不能这么无节制吧！正是他的纵容，让发小落到这个地步。如果他要求发小自立，结局未必一定如此热闹。

（04）

香港作家李碧华，曾说过一句话：

求人如吞三尺剑，靠人如上九重天。

李碧华之所以说这句话，是因为看到一位同伴，把人生的希望，放在别人身上。结果东靠西靠，发现全都不靠谱，这世上唯一靠得住的，只能是自己。

所以李碧华说：人，只有遭遇冷酷的拒绝，才知道自己长大了，才能够担负起自己的人生责任来。

（05）

北大的一位年轻教授，讲过这么一个故事。

说他在北大读书时，看到学校东门，有个摆摊的小伙子。

小伙子摆摊，卖水果。对面是他女友的摊，卖些发卡、电池什么的。

东门比较偏，也没人管。所以这对小情侣，不管是刮风下雨，哪怕是寒冬腊月，都守着他们的摊子。进进出出的北大学子，很高傲的，经常会有学子喝得烂醉，意气风发地冲摆摊小情侣吼叫，或者刁难。这对小情侣只是一味地点头讨好，大气都不敢喘。

一年后，摆摊的小情侣，成了小夫妻。他们的摊，也转为校门里的一个小超市。

学校里不止一家超市，但多是晚上9点关门。而学生都是夜游神，不管多晚，都会看到小夫妻的超市，仍然亮灯营业。

所以每天夜里9点至凌晨2点，是小超市的黄金营业时间。

两年后，一家小超市变成了两家，还有两家水果店。

3年，小夫妻有了孩子，并在北京购置了房产。

4年，一大拨意气风发的年轻学子，走出校门，仰天怵呼：北上广之大，何处安放我们的青春、爱与婚床？而那对小夫妻却已经买下幢复式小别墅，并开起了水果连锁公司。

——教授说：我们这些年轻孩子，在校园里学到了屠龙之技，拿了数不清的证书。但说到生存，贫寒中起家的小夫妻才是他们的老师。

——教授说，不是说让大家撂下课本，都出门去摆摊。而是说你在校园里所学到的知识，其价值远高于一个水果摊。可你为什么不会使用？

是你辜负了教育，不是教育辜负了你！

（06）

社会学家分析，当一个社会渐然固化，并不意味着所有人，都被固定在原有阶层。

总有些猛人，会冲破阶层禁锢，杀入财富城堡。

这部分人，是什么人呢？

（07）

好多年前，企业家冯仑的女儿，过13岁生日。

小姑娘蹦蹦跳跳，说：爸爸，我过生日了，要生日礼物。

冯仑说：宝贝女儿，爸爸要送给你一个特别珍贵的礼物。

什么礼物？

——爸爸给你15分钟的时间，和你聊聊天。

都是一家人，天天在一起扯皮，还扯不够？居然拿聊天当生日礼物……可是没办法，13岁的女儿，只好坐下来听冯仑瞎扯。

冯仑说：孩子，这个世界上，有两种人，两种不同的人生。

——第一种人生，是大众式的，95%的人生选择，是一亩地、两头牛、老婆孩子热炕头。是现世安稳、岁月静好式的。

这类人的人生，使命只一个，那就是传宗接代，就是完成种族繁衍。所以他们最大的人生梦想，就是找个没人的地方躲起来，别给我挑战也别给我压力，老板怎么说我就怎么干，要的钱也不多，够吃就行。

这类人，真的很安稳。但他们终生难逃焦虑之心。因为他们所获得的生存资源，太过于短缺。

虽然短缺，但相比于他们的付出，这类人的内心是很知足的。

——第二种人生，是挑战式的，不接受现状的。是那种自信人生二百年，会当击水三千里式的。这类人要挑战命运，创造未来，他们注定了一生漂泊，但无论成败，都有属于他们自己的辉煌。

想过第二种人生，就必须与第一类人反向而后。而第一类人是大多数，背离他们意味着背离群体认可的稳定价值观，由此带来的巨大心理压力，可想而知。

——想过第一种人生，只要问问上辈子人，他们会告诉你，赶紧找个安稳工作，赶紧找个老实巴交的配偶，然后关起门三天一小吵，五天一大吵。大家都是这么过日子，看到你也这样，大家就放心了。

——想过第二种人生，势必会引来众人的惊呼与抗议，以及嘲讽。你如果很顺利，公众就会更加愤怒，但等你遭遇坎坷，败走麦城，公众就会如释重负，长松一口气，在你面前载歌载舞，庆祝这世上还有些许公道可言。

——如果你渴望改变命运，冲破现有阶层的束缚，杀入财富城堡。不唯城堡中的人会极力阻止你，城堡之外你所在的阶层，也会拼老命拖住你后腿。

没人愿意看到你的成功，因为这意味着对安稳阶层的羞辱。

——最后冯仑问：乖女儿，你打算选择哪一种人生？

（08）

黄河三尺鲤，本在孟津居。点额不成龙，归来伴凡鱼——每个年轻人，都曾有冲破现有阶层的宏愿。

但长大了，好多人就把自己的理想戒了，复归于平凡。

想选择第二种人生，却发现自己只是第一种人。

好沮丧。

要如何做，才能坚持自己的理想，完成美好的人生逆袭呢？

（09）

心理学家毕淑敏，讲过这么一件事：

哈佛大学，做过一个非常著名的目标人生跟踪调查。调查一批智力背景相差无几的年轻学子。

调查发现：

——27% 的人，一辈子也没人生目标，这些人两眼迷离，梦游一样活在世上。如同被主人抛弃的狗，不明白自己活着有何意义。

——60% 的人，不能说没目标，可是他们的目标模糊，因为不知道自己想成为什么样的人，所以缺乏相应的行动与方法。

——10% 的人，有比较清晰的人生目标。

——3% 的人，有十分清晰明确的长期目标。

最后的结果非常有意思——3% 有明确长期目标的人，尽管他们智商平平，可是他们能够积数十年之努力，向着目标坚忍前行。所以他们最终会成为各界的顶尖人士、行业领袖或者财富精英。

——10% 的有比较清晰人生目标的人，他们构成这个社会的中产，职业多是医生、律师、工程师及大企高管。他们享受着高质量的生活，并寄希望于孩子突破自己。

——60% 的目标模糊者，生活在中下层。他们安分守己，但一旦遭遇经济压力，就会埋怨父母当年不努力，抱怨孩子没出息。但几乎，他们的孩子，一如他们青少年时代的翻版。

——27% 彻底没目标的人，他们生活在最底层。当然，他们会抱怨这个世界充满了欺骗与不公，心中燃烧着悲愤火焰。

（10）

不同的人生目标，让每个人最终拉开了距离。

——并不是矢志进入财富城堡之人，就一定能够获得财富。但他们中的多数人，确实从未想过进入财富城堡。

如高晓松所说：那些声称被应试教育毁了的人，不应试也会自毁。那些抱怨婚姻磨灭理想的人，不结婚也成不了爱因斯坦、居里夫人。那些天天唠叨在这个时代无法创作出伟大作品的人，把他们丢在瑞士，同样找不到灵魂的自由。大家身处同一个时代，却都在找不同的借口——每个人，都在窗前看这个世界，但每个人，看到的只是自己的心。

财富城堡的吊桥，并非今日刚刚拉起——实际上从未放下过！

你最终的归宿在哪里，取决于心中的目标。哪怕你现在身居中产阶层，但对平稳的渴望，仍会让你渐行渐下。财富金字塔上，唯有底层的基座才意味着安稳！反之，如果你以挑战自我命运为目标，就会知道人生的逆袭之路，是我们一生的行旅。总是处于欲滑欲跌的尴尬处境，必是你正处于攀登的峰谷。每个人有无穷的选择，却最终只有一个命运。你渴望什么，就会执着地向此行进，父母或家世，任何身外之物都无法决定你的行止。我们最终得到的只是自己的选择。

一个人的财富观，决定着他的最终社会地位

（01）

以前在深圳，认识个女孩。

她是大学毕业后，辞去家乡的公职，追随男友到了深圳，只为不离不弃，选择无怨无悔——但男友很快离开，返回老家，托关系做了安稳的公务员，把她独自撇在深圳。

大致经过了半年以泪洗面的日子，她擦干眼泪，嫁给了另一个始终默默关注她，却不敢开口表白的男孩。两人半年后买楼，复半年生下第一个女儿。

好多年后再见到她，已经是两个孩子的母亲。

去她家吃饭，饭后我和他老公聊天，她带小女儿在沙发上读童书，读罢，把大女儿也叫过来，两个孩子站在她面前，背诵华莱士财富宣言。

她老公悄声对我说：她最喜欢这个，我们刚刚认识时，她天天让我念这个。

——刹那间我心知肚明，她那不辞而别的前男友，恐怕就是无法接受这个。

——每个人的人生观，决定着他的生活选择。每个人的财富观，决定着他在这个社会的最终地位。人生路长，拥有共同观念的人，最终才会走在一起。

（02）

华莱士财富宣言，一度很流行。

现在很少有人再提了。

仿佛创业时代离我们远去，于这个孤立主义泛滥的世界，再说这事，总有点格格不入。

而华莱士所居处的时代，与我们完全不同——他多少算是个有点边缘化的穷八代，奔赴美国追寻梦想之时，全部的家当只有张机票钱。他的财富宣言震撼了近乎整个世界，许多人见到他都大为震惊，不相信这份宣言，只是个 29 岁事业无成的年轻人所写。他如愿以偿地获得了自己所需求的财富。尔后新一代崛起，彻底将这段历史湮没。

但他的财富宣言，仍有着不可替代的价值——所有生命都拥有一种不可剥夺的权利，那就是实现自身最大可能的发展！它意味着你有权自由使用所需要的一切资源，以促进自身心智、精神和身体的充分发展。换言之，生命的权利就是致富的权利！

他的行动法案，在这个鸡汤泛滥的时代，仍然放射着不灭的光华——正确的观念、坚守的目标、战胜内心恐惧的强大勇气、坚定而果决的行动！

而观念，是这所有中最重要的。我们每个人，都是按照自己对这世界的理解做出选择，采取行动。

如果观念错了，那就一切都错了。

（03）

我有个作家朋友，曾和另一个写作朋友合租房子。

每天从早到晚，两人同时开工。

他伏案狂敲键盘，日敲万字，完成自己的规定工作量。

合租朋友，则蜷缩在沙发上，在手机上飞速地发短信，向女网友们倾诉辛酸心事。

一个月过去，他完成了一部20万字的书稿，收到出版社的预付金。

合租朋友，手机按烂，山穷水尽，向他借钱。

他很不情愿，因为他要拿这个钱，投资出版行业的。见他脸色犹豫，合租朋友无限悲愤，感叹道：易涨易退山溪水，易翻易覆小人心。铁打的交情，一有钱就翻脸，这话说的一点也不假。

他当时气得吼叫起来：你还有脸说？我每天打字写作，你每天打字撩妹，我们两个工作量是一样的。你如果也像我一样为生存而奋斗，何至于像这样不堪？

对方冷笑：我决不会向庸俗的市场低头，决不会向腐臭的金钱屈服。

那好，他气道：你是有骨气的君子，我是追名逐利的小人，那你又何必向我借钱？

——从此分道扬镳。

这个朋友对我讲，实际上，他的合租人，文笔远比他好。真要是为了生存写作，只会比他更受市场欢迎。可是他不肯，宁肯沉浸在对金钱的愤恨中，把写作才华用来抱怨，也不肯稍作改变。

有人希望改善人生，尽早融入社会主流。有人却清贫自守，遗世独立，这是每个人的权利，无可厚非。

——但，你的命运你选择，你的选择你负责。一个人不能又憎恨金钱，却又希望别人对你卑躬屈膝，把钱送到你门里来，这种要求真的太难为人了。

（04）

迈克尔·艾普特，曾为英国BBC电视台拍摄纪录片《7UP》，这部电视片追踪了14个来自各个社会阶层的孩子，从他们7岁开始，每隔7年拍摄一次，7岁、14岁、21岁、28岁、35岁、42岁、49岁，一直到56岁，这部片子整整拍摄了49年。导演及摄制人员从年轻拍到老，被追踪的人员也从孩提被拍到晚年。

最终的结果是令人震惊的。

多数人未能摆脱掉原生社会阶层的烙印。

这个烙印来自家庭教育对社会财富的认知。

——中产阶层，个个堪称财富宣言的信徒。他们认为金钱是没有属性的，是人性的贪婪玷污了金钱，而非金钱污染了人性。同样他们也认可人性的自由发展，认为每一个生命，都有义务追求更高的尊严与价值。

——相反，底层的生存者，对金钱的认知与中产迥异。他们一面抱怨金钱污染了人性，一面却毫无节制地生活，这导致了他们的体重都严重超标——这也是这个节目最让人惊讶的发现，每个人的体重，与他们的社会阶层完美对应——而当他们解释自己何以不肯自律时，他们说：这世上的钱，都已经被有钱人赚走了。

——后者所持的理由，似乎得到了现实的印证。你看，大街上根本没有成堆的钱让你捡，所有的钱都在他人手中。这岂不是钱都被人家赚完了吗？

但这只是借口。

——诚如财富宣言所说：穷人之所以贫穷，不是因为所有的财富已被瓜分完毕，财富来源于社会交易，先按正确的方式思考，再按照正确的方式做事，这是致富的第一步。

（05）

什么叫按正确的方式思考？

就是你的思考必须与这个世界尽其可能地吻合。

而不能只是你的臆想。

比如说，我在深圳认识的那个女孩，她对财富就有着明晰的认知。所以她以财富宣言筛选男友，第一个男友虽然情深义重，但观念上的分歧，终究让他们劳燕分飞。而做了母亲之后，她依然用这个法子教育孩子，就是希望自己的女儿长大后能够辨识那些与财富犯冲的人。

什么叫与财富犯冲？

那位作家朋友的合租友，就是个典型。

按作家朋友的说法，这个人堪称文采飞扬、才华横溢。但却不肯接受人类社会万古千秋的交易法则，进而认为把自己的才华展示出来，并获得这个社会的回馈是不道德的。说过了，我们尊重他的人生选择，但却无法理解这奇异的观念，只能坐视他在一个财富盈余的世界里，落入食不果腹的状态，纵然想帮也是有心无力。

——再回到BBC的《7UP》。我们会发现：人与人最大的区别，不在于能力或才华，而在于观念。

王阳明说，人皆以为尧舜。这世上的每个人，都有着自己不可替代的才华或能力，但不同观念的认知，让每个人走向自己的命运。有人善用自己的才能，于这世上如鱼得水。有人则沉湎于自怜自叹中，与自身的成长相对抗。

未来30年，社会竞争的压力会陡然增大，我们所有人都需要明晰认识自己的财富观。

（06）

财富观没有正确与错误之说，只有有效与无效、低效之分。

无效的财富观，其认知与财富的规律相背而行，财富向东你向西，财富南辕你北辙，这类认知终无缘获得财富青睐。

诸如金钱是肮脏的、交易是无耻的，这种观念，完全无视人类社会群体合作的态势，拒绝承认人类社会的粘连机制，是通过理性的交易而完成。而交易意味着人与人的相互平等、相互尊重。此类认知无端将自己凌驾于公众之上，认为举世皆浊唯吾独清，纵有才干，却舍不得奉献于公众。即使是为了生存勉强做点事，也总会感觉自己受到了天大的委屈。

无效的财富观念，带来的是无效的社会合作，所以这类人会自动下行，渐然淡出社会主流之外。

（07）

低效的财富观，内心有着追求财富的冲动，也无意掩饰这种冲动。但，冲动与认知只停留于表面，并没有建立起相应的体系与目标，因而也无法采取行动。

诸如，王健林说：先定一个小目标，赚一个亿。就立即引发了许多人的嘲笑。

这些嘲笑者，大多都是低效财富观念的认知者，他们的认知仍然停留在农耕时代，没有随着时代走过工业化，进入互联网时代。他们所认知的劳动，只是古旧的体力劳作，智能劳作的价值尚未全面开发出来。

所以这类人，每天都会感受到巨大的压力。究其原因，不过是行动力匮乏，陷入迷茫失态而已。

这类朋友，就需要升级财富意识、更新财富观。

（08）

高效的财富观，包括以下几个部件：

观念、目标、勇气与行动。

——首先意识到，金钱不具道德属性，钱多不是罪恶，钱少也不是多么的无辜。今天在你手中的钱，明天就到别人之手。唯其自尊并尊重这世界上每一个人，才是公正的交易法则。拒绝巧取豪夺之心，摒弃占他人便宜的想法，要以自己的智慧，赢取这个世界的认同。

——其次，要让自己变得优秀，成为一个洞察世事隐秘规律的人。体力劳动是永远应该受到尊敬的，但智力含量的增加，才是我们行进的目标。当你的劳动之中，智力含量超过 10%，你的人生就开始了。智力含量超过 30%，就能够获取尊严，养家糊口了。智力含量超过 50%，就迈向中产了。智力含量超过 70%，就能够有意识地调动社会资源，搭建人生经营平台。智力含量超过 90%，就可以于社会资源整合中获利。只有到了最后这一步，才能领略到王健林所言的财富境界，才有可能不负此生。

——再次，每个人生下来，都有一个骄傲的使命。要有勇气认知真正的自我，要有让生命燃烧迸放光华的决绝。唯自律者得自由，永远要对颓废心态说不，你就是你，奔放的、无羁的、充满希望与未来的、不一样的烟火。

——最后一点，行动，行动，高智力含量、高活力、高质量的行动。商业市场一日千变，如海潮翻涌，所有的计划终成明日黄花，终日所思，莫如片刻之行，唯行动才是最可靠的智慧。要事第一，积极主动，你的人生你做主，你的生命你掌握，与其在贫寒中怨叹愤恨，莫如高歌猛进，冲击财富之巅，获取无上生命尊荣。

可以家贫，不可心穷

朋友问我：楚霸王项羽，那么神勇无敌，威风凛凛，怎么会失败呢？

我说：有个细节，就知道他失败的原因。

项羽作战勇猛，许多人心甘情愿跟随他。但跟随他的人，无论立了多么大的战功，也得不到封赏。实在没办法了，不得不封赏的情况下，项羽就会把要封赐的大印恋恋不舍地拿在手上，不停地摸呀摸。

曾在项羽手下打过工的韩信，指控说，项羽这个人，心眼儿比蚂蚁脚指头还要小，那大印的棱角都被他抚摩圆滑了，他也舍不得给出去。他内心就盼着手下人吃几个败仗，立不了战功，那么这所有的大印，就可以全归他一个人了。

项羽的内心，不情愿任何人从他这里得到好处，不管对方是多么能干，立下多么大的战功，看到别人得到好处，那简直比失去虞姬还让他痛苦。

他希望所有人都混得惨惨的，就他一个人舒坦。

这种心态，叫心穷！

心穷之人，是无法获得人生快乐的，更找不到不失败的理由。

历史之上，心穷之人不止项羽一个。而且这类人，现在也未绝迹。我以前就有个熟识者，大概可以归到这种类型。

（02）

我还在机关做公务员时，认识了个乳品厂厂长，很年轻，很有为，当时也不过是 30 岁出头，正是志得意满之时。

他上任前是下了军令状的，要在 3 年之内把乳品厂搞上去。正式就任后，就把我们一班朋友请了过去，商量如何迅速做大做强。

他这个厂子，是生产雪糕的。我们对这个行业很隔膜，完全看不懂。但知道当地有家同类企业，每天都有新品种推出，已经做得风生水起了。

于是我们就问他：人家那家企业，怎么会每天都有新品种推出呢？

他回答说：咱们比不了人家，人家会搞。他们厂子里，有个挺大的实验车间，全厂所有的工人，都可以拿着原料，去实验车间捣鼓，只要感觉不错，就可以上报。然后铸模具进工艺流程，当天就能生产销售。卖不好就算了，卖得好，工人有提成的。有的工人搞出来的产品好，一个月的提成就有七八万元。

当时我就兴奋了，说：这个办法好啊！创新咱不懂，山寨还不会吗？咱们也弄个实验车间，让你厂子里的工人们玩呗！弄出好产品来，厂子活了，工人也有钱拿，一举两得呀！

听了我的话，他的脸扭向窗外，不再看我们。至今我记得阳光洒在他的脸上，清晰看到他脸上肌肉扭曲着，说了句：把钱给他们？想得美！

我说：给他们有什么不好？只要他们能搞出好卖的新产品来，不也是替你解决经营问题吗？

他说：别说这个了，想想别的法子，别的法子。

我们不明白他为什么不喜欢这个法子，这个法子有什么不好？

最后是不欢而散。

（03）

后来他还是抄袭了这个法子，第一个月效果很明显，许多新品一上市，就被人疯抢。但第二个月，他的产品就在市场上消失了。

后来才知道，他是建立了个小小的实验车间，但并不承诺工人可以提成。所以第一个月工人们把新品种推出来后，却一毛钱也拿不到。没提成就算了，可是工人实验时的材料，他还要另行收费的。这下子工人们生气了，就故意弄坏模具，弄丢配方，以至于第二个月连老产品都生产不出来了。

工人们此举，意在逼宫，想迫使他取消材料收费，允许工人从销售盈利中提成。但是他寸步不让。想从我手里拿到钱？休想！最后，他的军令状没法完成，工厂基本上处于停产，厂子里冷冷清清，他自己则每天坐在空荡荡的办公室里喝茶。悲情满腹地冲着墙大骂，骂世道不公，骂人心险恶，总之是想起什么来就骂什么。

此后大约有10年，他下海去深圳，我们再一次见面。

（04）

一别10年，他已经很沧桑了，满面憔悴的样子。

坐下来后，他拿起摆放在桌上的印有酒楼标志的卫生筷袋，说出了第一句话：这东西是要钱的！

当然要钱，我说：咱又不是酒楼老板的爹，人家凭什么免费侍候你，你说是吧？

他不理我，拿起筷袋在桌子上敲，愤愤地说：这里，光是收这些筷子的钱，就够服务员们一个月工资了。

我说：这说明，酒楼老板是个有脑子的人。

他仍然不理我，高喊一声：服务员！

服务员过来，就听他气吼吼地说：把这些收费的筷子，全撤下去，给我们上一次性筷子！一次性筷子你们有吧？别告诉我你们没有！

筷子撤下去了，他替我们俩各省了 1 元钱。可是他仍然余怒未消，以悲愤的语气对我说：知道不？这家酒楼老板，他不光开酒楼，还办烹饪学校，学生就派来酒楼当服务生实习，那钱赚老了。

他满腔悲愤，不停地控诉酒楼老板。又以挑衅性的口吻叫服务生过来，吩咐道：给我切一碟蒜片，一碟葱丝，一碟姜片，一碟辣椒酱，一碟剁辣椒……他语速极快，一口气吩咐了 9 种以上的调味品，把服务生听到彻底晕菜。

让他这么一闹，这顿饭就没法吃了。

（05）

感觉这位朋友不对劲，我就有意识和他隔开点距离，以后他再约我，总是推说有事。此后断断续续，从朋友中听说他一些杂事，无非和别人发生冲突：去酒楼吃饭，跟服务生吵架；去浴池洗澡，光身子跟搓澡工打架；被打伤住院，就跟人没完没了控诉护士如何冷漠对待他……

他自己也知道这些事，解释说：这要怪他的个性太刚强了，眼里揉不得沙子，看不惯别人的出格行为……

但我想，他不是眼里揉不得沙子：

他才是那粒沙子！

不管他出现在谁眼里，都是让人极度不舒服那一种。

他简直是楚霸王项羽的孪生兄弟，虽然时空上相隔千年，但其心理思维同出一辙。

项羽力能拔山，但就是见不得别人好。被别人的成就刺激到抓狂，就拖累了他的智商，纵然是威霸天下，却只能无奈别姬。

而我的那个朋友，让工人试制新品一起赚钱，多好的事？可他就是容忍不了工人拿钱，宁可把企业拖垮，把自己拖残，也不肯满足工人。到酒楼吃顿饭，就因为酒楼赚了他一元的筷子钱，他就受不了了，竟然把自己气到全身哆嗦。你说这是何苦？

都是心穷之人。

家穷，就会家徒四壁、空无一物。

心穷，心里就是一片空茫茫毫无着落。仿佛置身于荒野，有种急切的焦虑，类似于被迫害狂的状态。他的眼睛紧张地盯视着前面，任何人出现在他眼前，都会让他忍不住冲过去搏斗一番。

心穷之人，固执地想把对方拖在既有状态下，甚至不惜搭上自己的人生。

说到底，就是内心太虚弱。

（06）

心穷之人，不分职业。我就见过这种类型的老板，跟楚霸王项羽一个毛病，对自家企业经营丝毫不上心，一门心思与员工斗智斗勇，斗到最后当然是他赢，只不过企业越来越差劲，闹得个门庭冷落、众叛亲离，他却在月白风清时自怨自艾，感叹人才难得、知音不遇。

心穷之人，不分年龄。我还见过个心穷的年轻孩子，一个刚刚毕业的大学生，面试已经通过，人力资源部通知他上岗了。可是他对我说：我感觉，你们这些人太现实了。

怎么了？我不明所以。

他说：你们这里女工那么多，无非缺干活的男工罢了。叫我来，我感觉你们明显不怀好意。

这是怎么说话呢？我很郁闷：这么多人辛辛苦苦凑一家企业，就为了对你不怀好意？你很值钱吗？再者说这里如果不需要你的话，凭什么让你来呢？你总得拿出点什么东西，跟企业交换吧？

他老气横秋地叹息：唉，我现在对你们来说，还有利用价值。可等我病了、老了，你们还会要我吗？

叹息声中，这个孩子迈着苍老的步伐，一步步地离开了。

此后我再也没见到这孩子，但见到过许多和他一样充满了忧伤的职场男女。

他们的心太穷了，没有任何东西能拿出来，与这世界相交换。

（07）

是否有一种思维模式，让人陷于困馁之中？这个不能确证。但如果一个人，内心过于虚弱，就会陷入心穷的状态之中。

心穷之人，生活在自己的想象中，想象中整个世界都是属于他一个人的。他们无法容忍别人获得任何一点利益，哪怕一点点，都足以把他们的心压碎。他们巴不得所有的人都生活在困顿之中，任何人的努力所成，都会对他们造成刺激形成伤害。

心穷之人是不可以接近的，一旦接近他，就会被纳入他的盘子里，放置在一个极端的位置，如果你不在这个位置，就已经伤害了他。如那些曾在项羽手下混过的人，就是被项羽的这个心态挤兑，最后只能是一走了之。

心穷之人，思维是闭锁的，世界观是固化的。他认为自己没有待在应该待的较高位置，因而牢骚满腹、怒气冲冲。这类人是合作的毒药，他总会找到奇怪的理由，把好端端的局面弄砸。这类人也是交际场上的毒药，总是能给你弄出鸡飞狗跳的狗血怪事来。

但越是心穷之心，就越是反思能力匮乏。他们拒绝反思，生恐对失败的穷诘触到他那隐秘而固化的思维——事实上，这类人所做的一切，都是力图让这世界向他的想象靠拢，但这世界太任性不听话，所以他们就生出无端的屈辱之心。

一个人，一旦生出计较之心，就会堕入心穷状态。这时候人的智力就会下降，思维无法打开，始终囿于一个狭小而悲愤的领域。纵然是坐拥无限江山，但最终也会收获个惨淡别姬，乌江夜遁。

可以家贫，不可心穷。家寒之人，只要有志气，敢拼打，就会一步步地走出人生困境。而心穷之人，被困在自己狭小的心境里，除非他能够破局而出，否则，就只有耐心地等待，等待他们从自我束缚的茧壳中挣脱出来。

人生，是如何被拉开不同等级的

（01）

人生而自由，却无时不在枷锁之中。

对有些人来说，最沉重的心灵枷锁，莫过于经济的枷锁、财富的枷锁、金钱的枷锁。

人生而平等。但对财富或金钱的不同观念却把人拉开了等级、分开了层次。

（02）

春秋末年，越国有智谋之士范蠡，协助卧薪尝胆的勾践，灭亡了吴国。而后他说，勾践这个人，不是能与之共享富贵的，于是泛舟而走，隐于陶地，经商为生。人称陶朱公。

陶朱公经商，别开生面，与众不同。平常人都是雨天造舟，旱时造车。因为雨季舟船好卖，旱季车辆好销售。但陶朱公却是雨天造车、旱时造船，人们都讥笑他不懂市场。

但雨季说停就停。雨一停，人们出行就立即需要车辆，众人急忙停止造船，转过来造车。可是陶朱公已经在雨季时造了许多车辆，立即销售一空。

同样地，别人都在旱季时忙着造车子，现造现卖，来钱很快，只有陶朱公在造船。可是雨季突如其来，大家再急忙去造船，没等把材料备齐，陶朱公这边已经把市场上的钱席卷一空。

看似违背常理，实则快人一步，陶朱公迅速暴富。

他说，我并不需要钱，但却赚到这么多的钱，这不是我的愿望。让我们把这些钱，都分给穷人吧。

陶朱公散尽家财，但由于他经营模式总是抢先一步，没多久再次暴富。

陶朱公第二次散尽家财，但又一次迅速暴富。无奈之下，他只好接受了富翁的宿命。

——像陶朱公这样，有一个善于经营的头脑，能够驾驭财富，获得没有问题的人生，是最上等的。

（03）

陶朱公生了3个儿子。

小儿子生长在富贵之中，自幼衣来伸手、饭来张口。长大后优游度日，花钱如流水，动辄一掷千金。

两个哥哥斥责他不务正业，沦落为花花公子。

他回答说：你们说得不对，钱是用来干什么的？是用来解决人生问题的。我比你们两个高明的是，我钱花掉了，问题也解决了。而你们往往是钱花了，问题还在，甚至更严重了。

陶朱公评价说：知道用钱解决人生问题，并能够做到，你这个算是第二等人生。

（04）

陶朱公的二儿子，游历楚地，遇到有人蔑视他。他一气之下拔剑杀死对方，结果被捕入狱，判为死刑。

陶朱公说：

人们之所以需要钱，是因为钱能解决许多麻烦。

可是他惹出来的问题，就连钱都解决不了。

他这算是第三等人生。

（05）

陶朱公打算派小儿子，去楚国营救二儿子。

大儿子听说了，说：我是家里的大哥，二弟出了事，正是我去营救他的时候。三弟他衣来伸手饭来张口，就是个好吃懒做的纨绔子弟。请你收回成命，派我去吧。

陶朱公说：如果派你去，你二弟必死无疑。

大儿子愤怒了，说：如果父亲不派我去，我立即自杀在你面前。

陶朱公无奈，只好说：你一定要去，我也无法阻止，但你千万要听我的吩咐。你带三千金，到了楚国后找我的朋友庄生，请他出面营救。无论他怎么吩咐你，你一定要听他的话。

大儿子道：父亲放心，我会遵循你的吩咐的。

（06）

大儿子去了楚国，找到庄生，发现庄生家里一贫如洗，顿时失望到了无以复加。但还是硬起头皮，按父亲的吩咐，取出三千金，把父亲的委托告诉庄生。

庄生说：好，钱放这儿吧，你现在马上回越国，不可片刻停留。

大儿子疑心庄生根本没有办事能力，想支走他吞掉三千金。就留下来，继续找门路营救二弟。

可是他不知道，庄生虽然贫寒，却是楚王最信任的智谋之士。他收下三千金后，就入宫对楚王说：大王，我夜观天象，主国内必有大灾。除非大赦狱中死囚，否则难免大祸。

楚王说：好，那就宣布大赦死囚吧！

陶朱公的二儿子就这样逃脱了死劫。

（07）

听说楚王大赦死囚之事，大儿子气恼地一拍大腿：哎呀，我二弟天生好运气，遇到大赦，根本就没事。只可惜了那三千金了。

庄生这个穷鬼，他凭什么轻松骗了我三千金！拿我当傻子吗？

不行，我得把钱要回来。

于是大儿子再去找庄生，说：我二弟福大命大，命不该绝。楚王大赦死囚，他已经没事了。上次放在先生这里的三千金，请先生还给我。

庄生大为恼怒，把三千金还给陶朱公大儿子后，就立即进宫，对楚王说：大王为苍生着想，大赦天下，这是大善。可是有个叫陶朱公的，他二儿子杀了人，关在牢中。现在市井纷纷传言，说是大王之所以赦免死囚，是陶朱公派人营救儿子的结果。

楚王听了，笑道：这事好办。我们不妨先杀了陶朱公的儿子，再行大赦天下，谣言自然就止住了。

庄生曰：大王此举，善之善者也。

（08）

大儿子带着二弟的尸体，垂头丧气地回家了。

全家人恸哭出迎，只有陶朱公笑着迎出来，说：如果派你三弟去，就不会是这样悲惨的结果了。因为他不是像你这种为了钱而惹出问题的人。

为了钱而惹出人生问题，这个叫蠢，是最末等的人生。

（09）

不是一家人，却进一扇门。陶朱公一家朝夕相处，却各有人生财富观念。

四类不同财富观念的人，现实生活中呈正态分布，我们都曾遇到过。

善于驾驭财富的人，这类人拥有清醒的思维，睿智的头脑。他们洞察人世真相，行事依循规律。哪怕他们生而贫寒，也会逐步稳进，掌握财富。相反，不属于这类的人，纵然是捞到了盆满钵满，但最终也会回归他们原来的位置。所以你会看到有人于贫寒起家，有人从高处跌落。外界的环境固然是不可忽视的力量，但也有他们自己的原因在内。

第二类，知道钱是用来解决人生问题的，砸钱时不会手软。这类人其实比例也不大，有些市侩型的暴发户，自以为财大气粗，动不动就用钱砸死这个，用钱砸死那个，但这类人并不具有区分哪些事情是可以用钱来解决的，哪些不可以的能力。所以这类人本质来说，其实是第三类。

第三类是会惹出钱也无法解决的人生问题的人。这类人往往意识不到，经济生活并非人类生活的全部，除此之外还有情感生活，在这个范畴，经济规律是非常模糊的，为了爱，人类会做出非常不经济的选择。以及法律及规范之内，在这里经济规律或者减弱，或者完全被抵消。意识不到这个问题的人，就会犯下连钱也解决不了的麻烦。这类麻烦，是许多人面对的真正麻烦。

　　第四类人生，是媒体社会新闻的宠物，有了他们才有了新闻。因为他们会把金钱看得比任何东西都重要，为了钱而不择手段。这类人轻者闹得沸沸扬扬、众叛亲离，重者进了监狱吃牢饭。比如我有个做警察的朋友，跟我说起这么一起事：有个人去菜市场买菜，因为两毛钱，与卖菜老板发生争执，争执到最后双方动刀，结果一个轻伤害一个重伤害。人活到这份儿上，岂不是昏了头？

　　现代人说财商，说理财，不过是在对待金钱的态度上，平等的人生被拉开不同的等级。

　　我们需要对财富的清醒认知：钱，是用来解决问题的。避免那些钱不能解决的问题。绝不可以因为钱生出问题——牢记这个原则，你才有可能获得经济与心灵上的双重自由。

洞穿人的欲望，你就获得了自由

（01）

我有个朋友，办了张健身卡。

每天健身，享受一种优雅而健康的生活。

一个月下来，成功地……胖了20斤。

为什么越运动越肥胖呢？

健身房隔壁，有家火锅店。

凭健身卡，打八五折。

所以每次运动之后，饥肠辘辘，不由自主地走了进去。

火锅店老板是个聪明人。把店面开在健身房隔壁，利用健身者不想亏待自己的补偿心理，生意做到火爆。

朋友忍不住好奇，想瞧瞧这个老板长什么模样。

终于找个机会，见到了火锅店老板。

然后他吃一惊。

猜猜这位火锅店老板，是谁？

（02）

有位医生值夜班。

忽然间外边嘶喊连天，几个人抬进来一个血人。

原来这位兄台，跟朋友们喝酒时说起伤心往事，情绪激动，大哭着一拳击碎了玻璃。导致肱动脉被割断，血如泉涌。所以被酒友们抬到了急诊室。

医生急忙救治，不承想患者抵死不配合，拼命挣扎，大哭大闹：不要管我，让我死吧，我就是个垃圾！

垃圾也得回收啊，对吧？医生勉力用手按住患者动脉，但患者又哭又闹，根本无法救治。

恰巧这时，主任医师进来。就吩咐值班医生：松手，你松开手。

医生：松开手，血就止不住了。

主任：你甭管，听我的吩咐，松开手。

医生只好松手，看着患者的鲜血喷泉般狂涌。

就见主任医师凑近患者的脸，口齿清晰地说：你还能再活15分钟，有什么遗言，抓紧时间说。

啥子？患者瞬间酒醒了：隔壁老王要练腰，我前女友在磨刀。医生我不要死，救救我，求求你救救我！

主任：老实躺好，不要乱动。

患者立即如躺尸般，一动也不动了。

顺利包扎，救治成功。

（03）

有位兄台，夜晚忽然接到多年失联的旧友电话。

旧友劈头说道：兄弟，我老婆怀孕了。

兄台：我去，真的不是我干的。

旧友：谁说是你干的了？那是老子自己的！

兄台：不好意思我也没钱，这段日子全靠啃爹妈活着，真的帮不了你。

旧友：我还没说话，你咋就把门封死了呢？

兄台：大家都是三条腿，坑爹全凭一张嘴。就算我不了解你，还不了解男人吗？多年没联系，半夜突然打电话说老婆怀孕的事，不是怀疑我，就是借钱呗。你说是不是……咿，嘟嘟，你那边怎么挂了？

（04）

读了后两个故事，应该能猜到火锅店老板是谁了吧？

——没错，就是健身房老板！

这几个故事，说的是如何看穿人心底的欲望。

（05）

欲望，不过是人本质的内在诉求。

第一个故事，开健身房的老板，他在经营中发现了一个秘密：

——健身并不是人的欲望。

——人是为了满足欲望，才强制性地健身。

所以他利用人性的补偿原理，开个健身房，再配火锅店。你看这两样东西不搭界，但却彻底抓住了人性的本质。

第二个故事，患者喝多了，乱打乱闹妨碍救治，所以主任直接唤醒他的求生欲望，立时让他小绵羊般顺从。

第三个故事，接到电话的兄台，看得太穿太透，两句话就怼回去了，让对方没法继续提出诉求。虽然他一眼洞穿了对方，但如果语气再委婉些就更好了。

总而言之吧，洞穿了人性欲望，你就掌握了主控权。

（06）

如何看穿人性的欲望呢？

孔夫子曾经说过：食色，性也。

意思是说，人性最本质的需求，就两个：一是吃，二是性爱。

这两个，又称人的生物性。

生物性的意思是说，这两个本质需求，不仅人类，其他生物也一样的。

网上有个段子。有个年轻人，出国遛弯回来，过海关时，突见一条威猛的警犬，冲他的行李箱冲过来，连闻带嗅，嘴拱爪搔。当时年轻人的脸就吓白了，心说我也没带什么违禁的物事呀？会不会……有人暗害我，在行李箱里暗藏了危险品？

几名荷枪实弹的警员，杀气腾腾地冲过来：箱子里边有什么？

年轻人：就是几根……呃，没吃完的火腿肠。

警员们长松一口气，收起枪械：火腿肠就对了。这条警犬……超爱吃火腿肠，所以过海关的旅客，只要带了火腿肠，它一鼻子就闻出来。

年轻人：它不是受过严格训练的……警犬吗？

警员：训练再严格，这货仍然是条狗，对吧？

也有道理。

这就叫欲望的生物性，无论多么严格的训练，但本性就是本性，无法改变。纵然是强行克制，发乎情，止乎礼，但本性不动如山。观察人性从这个角度出发，一般不会太离谱。

（07）

巴菲特先生传授他的发财秘诀，说：

当人们恐惧时，我贪婪。当人们贪婪时，我恐惧。

恐惧与贪婪，是人性欲望的第二个层次。

网上有个故事，说有位丈夫，婚后恋栈在外，夜晚迟迟不肯归家。

妻子威吓他：你再晚回来，我就不给你开门！

不开门就不开门，男人才不管那么多，照样早出晚归，乐不思蜀。

妻子求教于高手，转而对丈夫说：你要是再晚回来，我就开门睡觉。

啥子？别别……丈夫一下子急了，从此下班就早早回来，再也不敢在外边鬼混。

——这就是恐惧的力量。

——只有抓住客户心中最本质的需求，才能够让他如你所愿那样行动。

还有个朋友吐槽。他有个哥哥，比他大一岁。小时候吃苹果，兄弟俩都想吃大的。所以每次分苹果时，哥哥总会抓走一个，撒腿狂奔，他大哭着在后面追赶，直到哥哥认输，把手里的苹果给他，回来吃他不要的那个。

——好久他才发现，哥哥每次都是抓起个小苹果狂奔。

——而他，每次都是狂追小苹果。

这就是贪婪。

一种让人迷失本性的魅惑力量。

无论是恐惧还是贪婪，只要你触及对方的原始本性，远比苦口婆心的说教更有效果。

（08）

恐惧与贪婪是人的原始欲望。

而控制原始欲望的，是再上一层的理性与情绪。

情绪，是失控的欲望。

理性，则是控制得当的情绪。

当你陷入情绪时，是无暇观察他人欲望的。所以过于情绪化的人，生活中总是处于被动。正如同那个追着小苹果哭奔的孩子，费尽心机，终归徒然。因为他不了解自己，也不了解别人。

反之，如果你能够疏理好情绪，就能够理性地观察与分析。正如用小苹果引诱弟弟的坏哥哥，自如操控时局人心，让自己成为获利且享有声望的那一个。当然我们认知人性的目的并不在此，而是希望借此了解。人类欲望的知性表现，无非下述七种：

一是健康。有好的身体才有一切，这是普遍的渴欲与需求。

二是知己。古人说：士为知己者死。人愿意为懂得自己的人，付出一切。

三是资本。就是钱，如果经济匮乏，就会陷入心理恐慌。

四是信息。对信息的质量越是敏感，人生越容易有所成就。

五是生存的资源与人脉。这其实是影响力，也是一个人赖以生存的无形资产。

六是教育。越优秀的人，越感觉自己智力不足。越努力的人，越希望孩子比自己更优秀。

七是心灵的需求。当一个人衣足食饱，就开始思考生命的意义。

衡量一个人的智力，看就看他是不是知道，为人处世，万不可在上述几个方面给别人添堵。脑子灵活的人，愿意在这几方面满足别人，以换取自我生存空间。

（09）

人性如水，不是固化不变的。

想了解人，一定要从基本欲望入手，而且要知道人善于自我掩饰。

夏虫不可语冰，居下难以仰高。认知人性，不能不了解人的基本欲望，更不能停留在这个层次。尤其是面对事业有根基的人，务须从大格局大视野的角度，来分析评判。简单说就是，了解一个人，不如尊重他，洞悉他的物欲，明了他的心。只有达到这一步，才会真正洞彻人性欲望。

（10）

老子说：知人者智，自知者明。

我们为什么要了解人性欲望？

——无非是认识我们自己。

洞悉了自己，认识了别人，我们就获得了高维度的思维认知。知道自己的脆弱，也了解他人的敏感。当我们行走于人世间，一如鱼儿游于水中，轻松自如。那些不愿意了解自我的人，犹如透明人一般，别人可以轻易地看透你，识破你，激怒或是诱惑你，而你时刻面临着巨大的压力，不明白自己的人生，为什么那么多的坎坷与艰辛。而当你认识了自己，才会知道人性的纠结与晦涩。才会知道人世间的路，不过是人性之路。人世间的苦，不过是欲望之苦。人世间的幸福与快乐，无非通达了人性后豁然开朗地闲庭信步。

告诉你赢的人，很可能是在骗你

（01）

人生是个博弈场，比拼的是场景模拟能力。

什么叫场景模拟？

先讲个故事。

（02）

东汉末年，三国开盘，有个大太监叫张让。

他是十常侍之首，深得汉灵帝信任。汉灵帝公开声称：张常侍是俺娘！

汉灵帝，怎么会管一个太监叫亲娘呢？

没人说得上来，总之张让权势炙手可热，显赫一时。朝中的官员，不去上朝，全都到张让家里报到。张让家门之外，各级官员的车轿排成长队，来晚了的根本挤不进去。

这时候呢，有个小商人，叫孟陀。

孟陀这个人善于经营，他也想走张让的门道，狠狠地发笔横财。可是他一个平民商人，根本不可能挤得进去。

那怎么办呢？

孟陀想了个好法子，他不去找张让，而是找张让的管家，把自己赚来的钱，让张让管家可劲花。

张让管家花钱花到嗨，很感激孟陀，就问：小孟呀，要不要让我帮你的忙，让张让接见你呢？

不要不要。孟陀连连摇头，说：我不要见张让，只对你，有一个小小的要求。什么要求呢？明天，我要去张让府上一趟，你呢，看我来到后，就迎出来，当众向我行个大礼，就这么个要求，你看行不行？

行，这事太容易了。两人说好了。次日，孟陀挤在朝官之中，来到张让门外，管家看到，立即远远迎出，向孟陀大礼拜倒。当时百官就震惊了，心说这人谁呀？我们排队见张让，人家连见都懒得见，可这个人来了，管家竟然向他参拜……

于是众人立即过来巴结孟陀，纷纷送厚礼给他。结果，孟陀花掉的那点小钱，很快又捞了回来。

（03）

孟陀妙计赚张让的故事，写在《资治通鉴》里。白纸黑字，历久弥新。

你能不能把这个场景搬到现在？

无论你能，还是不能。当你在脑子里思考这样做的时候，有场景、有步骤，这个就是场景模拟了。

模拟得好，你就是富有洞察力、有远见的高手。

模拟得不好，你就是个……是什么不好说，现在我们再讲个现实的案例。

（04）

有个小妹妹，在 IT 圈吃饭。

她做得很棒，在家很大型的 IT 公司，单独负责一摊，收入高、时间松、油水足，说出来非常有面子的那种。在这个位置上，她已经做了好几年了。

忽然有一天，她对我说：世界那么大，我要去看看。

她说：我要辞职了，现在已经无心工作了，早退迟到是经常的事。现在我只想回到家，休息一段时间，放松放松。

我说：好好好，那你下一步想去哪儿呢？

她说：没什么想法，就是想放松放松。

我笑了：小丫头，别再骗自己了。是你老板想让你走？还是和主管处不来？

她很吃惊，问：你怎么猜到的？

我说：两只眼睛半闭半睁，我也看了许多年了。你这个舒服位置，是多少人争都争不来的，又轻松收入又高，不是发神经谁会舍得离开？你把话说得那么华丽，只是因为被逼辞职，对你来说是个很大的伤害，也是个很大的否定。让你怀疑自己是不是有能力适应这个职场。就为了掩饰自己的虚弱，才把别人的强迫说成自己的主动选择，职场斯德哥尔摩情结，不外乎是抹不开面子而已。

但抹不开面子，完全是没必要的事，职场之上根本没人考虑你脆弱的玻璃心。

既然事已至此，要不要我来帮你分析分析，看能不能挽回局面？

她说：真能挽回吗？那你帮帮我。

于是，我就开始帮她分析。

（05）

我先问她，到底是主管不容你，还是老板讨厌你？

她说：是新来的主管，她左看我不顺眼，右看我不舒服，处处跟我为难，想要赶我走。

我说：这样啊，就是个人际隔阂而已。许多人，原本并无什么利害之争，只是沟通不足，相互讨厌，但如果有个机会场合，把话说开，事情就会迎刃而解。

要不然，你找个机会，约主管到咖啡馆坐一坐，聊聊天，跟她谈谈自己的心事，也听听她怎么说。人这东西，是很没原则性的，最是经不住温柔软语、耳鬓厮磨。一旦有了相互了解，彼此之间关系也就缓和了。

她听后大喜，说：哎哟，我怎么就没想到呢！我回去就马上做……

我说：先别急，你等等，你想过没有？现在主管心里，对你是有成见的，你约人家出来，人家根本不想，扔过来一句：不好意思，现在忙碌着呢，没时间，你又怎么说？

她傻了眼，说：对呀，那咋整？

我说：所以，你还需要一个备选方案！

（06）

这个备选方案就是：如果主管冷若冰霜，不想跟你出去私谈，你就只能向她请求：那主管，你能不能给我几分钟，我有几句话想对你说。

你就大大方方对她说：主管，我这个人呢，不太善于跟人沟通，可能会让主管对我有些看法。我希望主管能跟我说一下，我是不是有些地方做得不对，请主管指导我。我年轻，咱们又是个团队，主管吩咐我的，我想我一定会尽力的。

她高兴起来，说：对，我这就回去，跟她这么说。

我说：你先别急，你想过没有，人家连跟你出去都不肯，又怎么会有耐心跟你谈话？如果你说话时，她只管收拾东西，还不时地冲别人叫一声：那那个什么什么给我拿过来，捎带脚训别人几句，然后再转向你：你说，你说，我听着呢！这种情况，你的话还能说下去吗？

IT女孩当时惊呆了，说：对呀，万一她这样对待我咋办？

所以，你还需要第三个备选方案。

（07）

第三个备选方案，仍然是约主管出去咖啡馆谈，但你是请不动她的。你必须在部门中找一个和主管私交最好的，让他出面，你们几人一起聚一次，缓和一下关系。

她又高兴起来，说：这个办法好，我就用这个办法。

我说：你等一等，你再想一想。在部门中，主管对你心存不满，有意踢你出局，这时候你的情形是很孤立的，同事都怕事躲着你，就算你找到和主管关系好的，可人家正要极力和你撇清关系，会答应替你出头吗？

她说：哎呀，我忘了这茬儿，那咋办呢？

我说：所以你需要第四个备选方案。

（08）

第四个备选方案就是：部门的同事都在局中，是不敢招惹主管的。但你在公司已经好多年了，是公司的老人，其他部门你有许多朋友，找一个有足够影响力的，让他出面斡旋，一来显示你在公司也是有实力的，二来呢，主管可能不把你放在眼里，但对于公司中能够影响到她的人，是不敢怠慢的。

IT 女孩又乐了，说：这个行，那咱们就这么做。

我说：你等等，你再考虑一下，你在公司这么久了，也没被提为主管，现在要被踢出局，你才想起来去找别人帮忙，可你知道你在别人心中是个什么样子的人吗？如果你在人家的心目中根本没有你想的那么重要，你又该怎么办？

IT 女孩彻底蒙了：哎呀，那你说咋整？

我说：所以，你需要第五个备选方案。

（09）

第五个备选方案，就是找有实力、与你私交非常不错的客户出面。客户来了，要出去坐坐，主管是绝对不敢怠慢的，你作为中间人，一边展示自己在客户心中的影响，一边向主管低声说几句小话，你考虑结果又如何？

IT 女孩乐了：说，这个好，这个我能做到。

我说：你等等，先别太高兴。你再想想，就算你这样做了，和主管的关系也缓和了，可是过不了几天，主管的脸又变了，还是要踢走你，你又怎么办？再把客户请回来吗？

IT 女孩说：照你这么说，这也不行那也不行，我岂不是死定了？

我说：错！死或者活，不取决于局势如何，而取决于当事人的博弈水平。如果你水平高，多惊险的局面你都能安然度过。如果你能力不足，多好的局面也会被你砸掉。就拿你面对的这件事来说，对有些人来说不过是职场的常态，出来了遇到了就顺手摆平，赶紧去忙下一步。而你第一时间想到的是逃走，对眼前的情势全无理性认知，这就是你脑子中的场景演绎能力不足，你需要训练一下自己这方面的能力。

（10）

人生，其实是个不断输的过程。

不是每一局棋，你都能赢。你婴儿期的第一步，必定是摔跤。摔多了，爬起来，你惊讶地发现自己已经学会了走路。

孩子在摔跤中长大，棋手在输惨后成长。在你能力不足的情形下，如果有人告诉你能赢，那肯定是在骗你！

你被成功学骗了！

孟陀的故事，就是骗人的！

（11）

回到本文的开头，孟陀的故事是假的，是骗人的！是古时代那些对职场官场彻底隔膜的人，凭空想象或者看到事件揣摩出来的。

虽然这个故事，白纸黑字一笔一画，写在史书里几千年，但假的就是假的，伪装应该剥去。

你来想一想，在东汉末年，张让是获得汉灵帝绝对信任、拥有无限权力的人物，万里江山，辽阔疆土，他可以随意跑马占地。只要他拿手随意一比画，就全是他的，你想他会缺钱吗？你想他的管家会缺钱吗？

还记得吗？几年前，李嘉诚是亚洲首富，可世上最赚钱的人却是他的管家。

同样的道理，张让时代，他的管家是不差钱的。

（12）

再来看 IT 女孩面临的情况，小公司主管的权力，虽然不能与公权力相提并论，但用来左右你的命运，已经足够了。在博弈学上，你和你的主管：

势能严重不对等！

资源严重不对等！

背景严重不对等！

智力严重不对等！

经验严重不对等！

主管可以随意调动部门及其他部门的资源，分分钟捻死你，你凭什么赢？

（13）

你对你的主管：

势能靠不上！

资源靠不上！

背景靠不上！

智力靠不上！

唯一能靠的，是丰富的经验，真诚的态度。

（14）

所以，在你与主管的战斗中，你要的不是赢，而是累积经验值！

如果你执行第一方案，约主管外出咖啡私聊，成功的概率不过20%。

如果成功，你的经验值增长5个点，智力值增加5个点。

如果失败，转而执行第二方案，就在办公室与主管聊，成功率仍然不过是20%。

如果成功，你的经验值增长10个点，智力值增加10个点——因为你已经历了两场战斗，经验与智力在叠加状态中。

如果失败，转而执行第三方案，请部门同事约主管出来私聊，成功率仍然不过是20%。

如果成功，你的经验值增长15个点，智力值增加15个点。

如果失败，转而执行第四方案，请其他部门有威信的人士出面斡旋，成功率仍不过是20%。

如果成功，你的经验值增加20个点，智力值增加20点。

如果失败，转而执行第五方案，成功率还是20%……

成功，经验值增长25点，智力值增加25点……但如果一个人，能够在公司里磨合到这步，多半会调去人力资源部了，折腾到这步你虽然始终未赢一局，但是经验值已经吓死人了，公司才舍不得放弃你。

（15）

但如果，你试也不敢试，悄悄走开。经验值是零，智力值增长为零，人生这场游戏，你可能就打不过去，或者打得好累。

（16）

怕摔，你永远不会走路。

怕累，你永远不会过关。

（17）

人生游戏，重在积分。积累经验值，积累智力值，退缩者败，分高者胜。

告诉你赢的人，很可能是在骗你。最成功的人生，不过是输得最体面。你不需要赢得人生每一局，更不可轻易地放弃战斗逃走，你需要一种轻松的心态，面对人生，不要怯场，每个人都沉浸于存在感不足的苦恼之中，根本没人看你一眼，即使他们在看，你只需要哈哈一笑，就能够化解窘局。相信我吧，人生没有过不去的坎儿，尤其是职场上的磕磕碰碰，更是小菜一碟，要有屡败屡战，百折不挠的精神，当然这个过程不可流于下作，否则人力资源就会通知让你走人了。走人不怕，所有人最终都是要走的，你需要的是在走之前完成经验值积分，这样你才能一步步地，走向自己的人生制高点。只不过，到时候你将面对更大的挑战、更高层次的对垒。而这，才是你应该获得的人生！